肖春 编著

奇妙的数学天地

山东大学出版社
SHANDONG UNIVERSITY PRESS
·济南·

图书在版编目(CIP)数据

奇妙的数学天地 / 肖春编著. —济南:山东大学
出版社,2021.10
ISBN 978-7-5607-7223-3

Ⅰ.①奇… Ⅱ.①肖… Ⅲ.①数学－青少年读物
Ⅳ.①O1-49

中国版本图书馆 CIP 数据核字(2021)第 225259 号

责任编辑 姜 山
封面设计 张 荔
插图设计 张文哲

奇妙的数学天地
QIMIAO DE SHUXUE TIANDI

出版发行	山东大学出版社
社 址	山东省济南市山大南路 20 号
邮政编码	250100
发行热线	(0531)88363008
经 销	新华书店
印 刷	济南华林彩印有限公司
规 格	720 毫米×1000 毫米 1/16
	14 印张 275 千字
版 次	2021 年 10 月第 1 版
印 次	2021 年 10 月第 1 次印刷
定 价	58.00 元

编者心语

数学是研究现实世界的数量关系和空间形式的一门学科。数学有着无与伦比的魅力，它展现了人类最伟大的智慧，内容抽象、应用广泛、理论严谨、推理缜密，一线一数，妙不可言。数学是一门富有美感的学科，它是打开神秘世界的一把"金钥匙"，它总是与科学技术的突破联系在一起，渗透于很多学科中，散发着迷人的魅力，它带领我们穿透自然现象，探寻科学的奥秘，它推动人类文明的发展，推动科学技术的进步。

2002年，国际级数学大师、整体微分几何之父、沃尔夫奖获得者陈省身在世界数学家大会上为少年儿童题词"数学好玩"。"好玩"也是本书的编写宗旨之一。本书既适合教师阅读，又可以由教师指定篇目让学生集体"玩"。既可以在课堂上"玩"，也可以在课外活动中"玩"。"玩"出对数学的兴趣、"玩"出解决问题的方法、"玩"出数学思维能力，让读者在"玩"的过程中不知不觉地爱上数学，达到"润物细无声"的效果。

书中的每一个故事、每一个游戏、每一道趣题都可以作为数学活动课的素材，用来提高读者的数学素养。

本书分六个板块，分别是：知识天地、智慧广场、故事院线、史海畅游、游戏天地和奇思妙想。讲述了对数学各分支的创立、发展历程与应用，数学史上的重大猜想、发现与成就。用深入浅出、生动活泼的笔触多角度、多层次地描绘数学的无穷魅力，呈现数学之美。阅读本书，能够培养读者学习数学的兴趣、让读者感悟数学学习方法、拓展读者的数学思维。

本书以有趣的故事代替枯燥的说教，以简单的图形关系代替复杂的数学公式，引领读者走进一个奇幻的数学世界，踏寻人类在数学发展史上留下的足迹，用灵活巧妙的思维方法探索数学的奇妙。从闪耀着智慧光芒的故事，到数字体系、几何、代数、极限、微分、积分、统计和概率等众多理论，全方位地了解数学的神奇。从而启发读者思考问题，产生共鸣，激起读者的浓厚兴趣和求知欲望，让思维动起来，让课堂快乐起来，让数学课活起来。也正是这些耐人寻味的数学故事，像一只看不见的手，悄悄地打开读者心灵的天窗。徜徉其中，读者会发现自己最喜欢和最擅长的解题思路，以及连自己可能都没有发现的数学天分！

阅读本书，你会发现，数学可以是故事、是科学、是艺术。抓一把数字、抓一把字母、画一画线条……让我们尽情发挥，搭建一个思辨、快乐的数学乐园！

本书在编写过程中，参考了相关书籍与资料，在此深表谢意。由于作者信息不详，我们未能取得联系，敬请相关作者与我们联系，以便办理赠送样书等事宜。

由于作者水平有限，不足之处在所难免，敬请读者批评指正，并提出宝贵意见和建议！

肖　春

2021 年 8 月

目　录

华罗庚说过:"宇宙之大,粒子之微,火箭之速,化工之巧,地球之变,生物之谜,日用之繁,无处不用数学。"马克思也曾经指出:"一种科学,只有在成功地运用数学时,才算达到了真正完善的地步。"

父亲的问题与数学黑洞

小时候,父亲常常给我们出一些有趣的问题,记得其中一道是这样的:任意取一个非零的自然数,把该数乘9,把所得积的各位数字相加,即得9。如果不得9,则把所得的各位数字相加的和再乘9,再把所得积的各位数字再相加,即得9。否则继续重复上面的运算,即得9。

例如:

$$3645789 \times 9 = 32812101$$
$$3+2+8+1+2+1+0+1 = 18$$
$$18 \times 9 = 162$$
$$1+6+2 = 9$$

不论你取的数多么大,经过几次运算后,答案都是9。

无独有偶,在古希腊神话中,科林斯国王西西弗斯由于泄露了宙斯的秘密,得罪了宙斯,宙斯罚他将一块巨石推到一座山上,但是无论他怎么努力,这块巨石总是在到达山顶之前不可避免地滚下来,于是他只好重新再推,永无休止。著名的西西弗斯串就是根据这个故事而得名的。

什么是西西弗斯串呢?也就是任取一个数,例如527348,数出其中的偶数个数、奇数个数及所有数字的个数,就可得到3(3个偶数)、3(3个奇数)、6(总共6个数),用这3个数组成下一个数字串336。对336重复上述程序,就会得到1、2、3,将数串123再重复进行,仍得123。对这个程序和数的"宇宙"来说,123就是一个数学黑洞。

是否每一个数最后都能得到123呢?用一个大数试试看。例如,68629795395626974864,在这个数中偶数、奇数及全部数字的个数分别为11、9、20,将这3个数合起来得到11920,对11920这个数串重复这个程序得到235,再重复这个程序得到 123,于是便进入"黑洞"了。这就是数学黑洞"西西弗斯串"。

对于数学黑洞,无论怎样设值,在规定的处理法则下,最终都将得到一个固定的值,就像宇宙中的黑洞可以将任何物质(包括运行速度最快的光)牢牢吸住,使它们不能逃脱一样。例如,三位数的黑洞数为 495,简易推导过程:随便找个数,如 297,三个数位上的数从小到大和从大到小各排一次为 972 和 279,二者相减得693;按上面做法再做一次,得到 594;再做一次,得到 495;之后按此做法都得到 495。

河图洛书与三阶幻方

《河图》与《洛书》是中国古代流传下来的两幅神秘图案,历来被认为是中华文明的源头,被誉为"宇宙魔方"。

相传,在上古时期,伏羲氏教给人们结绳为网以渔,养蓄家畜,促进了生产力的发展,改善了人们的生活条件。因此,祥瑞迭兴,天授神物。在洛阳东北孟津县境内的黄河中浮出一种龙背马身的神兽,其生有双翼,高八尺五寸,身披龙鳞,凌波踏水、如履平地,背负图点,由黄河进入图河,游弋于图河之中。人们称之为龙马,这就是后人常说的"龙马负图",如图 1(a)所示。伏羲氏见后,依照龙马背上的图点,画出了图样,如图 1(b)所示。接着,又有神龟负书从洛水出现。伏羲氏得到这种天赐的用符号表示的图书,依此而演成八卦。这就是《周易·系辞上》记载的"河出图,洛出书,圣人则之"。即伏羲氏"作八卦,以通神明之德,以类万物之情"。所以后人在伏羲氏发现龙马负图处修建了龙马负图寺,以纪念伏羲氏开拓文明的功绩。

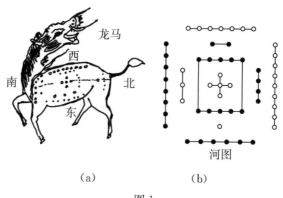

(a)　　　　　　　(b)

图 1

又传说禹治水来到洛河,洛河中浮出神龟,龟长 1.2 尺,背驮"洛书",龟背上有 65 个赤文篆字,如图 2(a)所示。《洛书》有数自一至九,如图 2(b)所示,大禹依此治水成功,遂划天下为九州,又依此定九章大法,治理社会,使人们的生活得以安定。

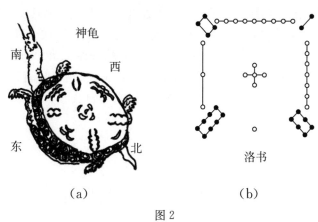

图 2

《河图》上,排列成数阵的黑点和白点,蕴藏着无穷的奥秘;《洛书》上,纵、横、斜三条线上的三个数字的和都等于 15,十分奇妙。很多学者认为:《河图》《洛书》在汉文化发展史上有着重要的地位,是中国古代劳动人民智慧的结晶,是中国古代文明的第一个里程碑,是中国历史文化的渊源。

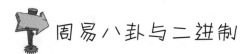

周易八卦与二进制

今天我们一起探讨一下二进制和它的起源,首先我们先说一下什么是二进制。

二进制是计算机技术中广泛采用的一种数制,系统地提出二进制观点的人是德国的数学家、哲学家莱布尼茨。

据说,莱布尼茨在年轻时已经知道了中国的《易经》,并由此发明了二进制,但是苦于没有强有力的数据来证明,所以一直没有发表。直到他 31 岁的时候,他与法国的一位传教士相识,随后通过通信交流对《易经》的看法之后,才使他看到《易经》的六十四卦可以和二进制的数码相对应,这给予他很大的启发,并于 1705 年把论文发表出来,题为《关于仅用 0 和 1 两个符号的二进制算术的说明,并附其应用以及据此解释古代中国伏羲图的探讨》。

那么二进制和八卦之间有什么联系呢?

首先:太极生两仪,两仪生四象,四象衍八卦。两仪其实就指万事万物一阴一阳两种形态,用一个阴爻和一个阳爻来表示(阴爻用中断线"——"或数字"0"表示,阳爻用连线"—"或数字"1"表示),一阴一阳两个元素叠加组合成了八卦。

八卦主要元素是阴、阳,用数字表示就是 0 和 1,0 是阴,1 是阳。太极生两仪,两仪就是阴、阳,对应数字 0 和 1,在十进制中仍然是 0 和 1。两仪生四象,四象分别对应的二进制数是 00、01、10、11,这组二进制数换算成十进制数分别是 0、1、2、3。我们再看八卦,八卦:坤(kūn)、艮(gèn)、坎(kǎn)、巽(xùn)、震(zhèn)、离(lí)、兑(duì)、乾(qián)分别对应的二进制数是:000、001、010、011、100、101、110、111,同样把这组二进制数换算成十进制数分别是:0、1、2、3、4、5、6、7。由此可见,我们的祖先是多么的有智慧。

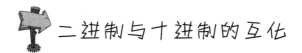

二进制与十进制的互化

一、十进制(0 → 9)

我们先从熟悉的十进制说起。

阿拉伯数字是印度人发明的,后来由阿拉伯人传到欧洲,所以把它叫作"阿拉伯数字"。十进制有 0 到 9 十个数字,现在我们随机写出一个十进制的数字,例如"435",它用十进制解释的含义是:"4"是在百位,说明有 4 个 100,也就是 4 个 10 的 2 次方;"3"在十位,说明有 3 个 10,也就是 3 个 10 的 1 次方;而 5 在个位,说明有 5 个 1,就是有 5 个 10 的 0 次方,所以这个数字它表示的十进制含义是 $4×10^2+3×10^1+5×10^0$,如图 3 所示。

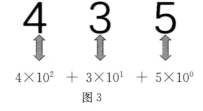

435的十进制含义:

$$4×10^2 + 3×10^1 + 5×10^0$$

图 3

又如:$(3127)_{10}=3×10^3+1×10^2+2×10^1+7×10^0$。

十进制数具有以下特点:

(1)共有 10 个数字,即 0、1、……9。

(2)最大的数字是 9,采用逢十进一。

(3)在这里,个(10^0)、十(10^1)、百(10^2)称为权,权的大小是以基数 10 为底,数码所在位置序号为指数的整数次幂。

二、二进制(0→1)

什么叫二进制,就是数字逢二进一,它和十进制不同,十进制是可以进到十,然后还可以从十后再进一,比如说报数 8、9、10、11,但二进制没有 2,二进制它只有 0 和 1 两个数字。那我们现在写出一个二进制数,比如说"1011",这是什么意思呢?在二进制里,这里面首位数的"1"表示的是 1 个 2 的 3 次方,这个第二位数"0"表示的是 0 个 2 的 2 次方,这个第三位数"1"表示 1 个 2 的 1 次方,这个第四位数"1"表示 1 个 2 的 0 次方,如图 4 所示。

1011的二进制含义:

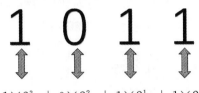

$$1\times2^3 + 0\times2^2 + 1\times2^1 + 1\times2^0$$

图 4

又如:$(10111)_2 = 1\times2^4 + 0\times2^3 + 1\times2^2 + 1\times2^1 + 1\times2^0$。

二进制数具有以下特点:

(1)数字只有 0、1 两个数字。

(2)采用逢二进一。

(3)这里的权为 2^0、2^1、2^2、2^3……权的大小以 2 为底,数码所在位置序号为指数的整数次幂。

三、进位制数之间的转换

1.二进制数转换成十进制数

根据二进制数的定义,只要将它按权展开再相加即可变为十进制数。

例如:$(111.101)_2 = 1\times2^2 + 1\times2^1 + 1\times2^0 + 1\times2^{-1} + 0\times2^{-2} + 1\times2^{-3} = (7.625)_{10}$。

2.十进制数转换成二进制数

(1)整数部分,采用除 2 取余法(或短除法)。

例如:将 $(345)_{10}$ 转换成二进制数,其转换过程如图 5 所示。

```
2 |        345    余数
  2 |      172    1
    2 |     86     0
      2 |   43     0
        2 |  21     1
          2 | 10     1
            2 | 5     0
              2 | 2     1
                2 |1     0
                  0     1
```

图 5

结果:$(345)_{10} = (101011001)_2$。

(2)小数部分,采用乘 2 取整法。

例如:将$(0.84375)_{10}$转换成二进制数,其转换过程如图 6 所示。

```
     0.84375    取整数部分
  ×       2
     1.68750       1
     0.68750
  ×       2
     1.37500       1
     0.37500
  ×       2
     0.75000       0
     0.75000
  ×       2
     1.50000       1
     0.50000
  ×       2
     1.00000       1
     0.00000
```

图 6

结果:$(0.84375)_{10} = (0.11011)_2$。

如果十进制小数不能用有限位的二进制数表示,则根据精确度来确定取几位数字。例如:$(0.423)_{10} \approx (0.011011)_2$(取 6 位)。

这就是十进制数和二进制数的互化方法。

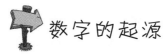

公元前 4000 年后期,美索不达米亚人已经建立了城市,而幼发拉底河畔的乌

鲁克城是其中最为著名的一座。在这座城市中，每到夏季来临，羊群的主人都会委托牧羊人把数量多达几万只的羊群赶出城去放牧。为了防止各家对羊群的数量产生争执，人们发明了用来计数的黏土筹码；后来又为了使各家放心而发明了用来封存筹码的黏土罐子，把筹码放进罐子后，再把黏土罐子封存。但这样，羊群的主人就无法及时、准确地掌握羊群的数量，于是就又在黏土罐子的表面画上筹码的样子。

这种计数的方法很快就在各行各业中推广开来。然而，人们逐渐认识到，既然有了这些表示筹码的符号，那么筹码就没用了。于是，原本刻画在黏土罐子上的符号，就被转移到了扁平的黏土板上，用于计数的"书写"就诞生了。再后来，用于表示具体事物数量的符号逐渐和事物本身脱离，如一头牛的符号原本和一只羊的符号并不相同，而把牛、羊这样的概念抽离之后，"一"的符号就相同了，这一步在人类的思想史上绝对是至关重要的。正是在这一时刻，数字开始独立存在了，人们能够从更高层次观察数字。在此之前的漫长岁月，都是数字的酝酿期。

数字的传播

公元 500 年前后，随着经济、文化以及佛教的兴起和发展，印度次大陆西北部的彭泽浦地区的数学一直处于领先地位。天文学家阿叶彼海特在简化数字方面做出了新的贡献：他把数字记在一个个格子里，如果第一格里有一个符号，比如是一个代表一的圆点，那么第二格里的同样圆点就表示十，而第三格里的圆点就代表一百。这样，不仅是数字符号本身，而且它们所在的位置次序也同样拥有了重要意义。之后，印度的学者又引出了零的符号，这些符号和表示方法可以说是今天阿拉伯数字的祖先了。

两百年后，阿拉伯人征服了周围的民族，建立了东起印度、西从非洲到西班牙的撒拉逊大帝国。后来，这个大帝国分裂成东、西两个国家。由于这两个国家的各代君王都重视文化和艺术，所以两国的首都都非常繁荣，而其中特别繁华的是东都巴格达，西部的希腊文化、东部的印度文化都汇集到了这里。阿拉伯人将两种文化理解消化，从而创造了独特的阿拉伯文化。

公元 700 年前后，阿拉伯人征服了彭泽浦地区，他们吃惊地发现被征服地区的数学非常先进。用什么方法可以将这些先进的数学也搬到阿拉伯去呢？

公元 771 年，印度北部的一些数学家们被抓到了阿拉伯的巴格达，被迫给当地人传授新的数学符号和体系，以及印度式的计算方法（即我们现在用的计算法）。由于印度数字和印度计数法既简单又方便,其优点远远超过了其他的计算法,阿拉伯的学者们很愿意学习这些先进知识,商人们也乐于采用这种方法去做生意。

后来,阿拉伯人把这种数字传入西班牙。公元 10 世纪,又由教皇热尔贝·奥里亚克传到欧洲其他国家。公元 1200 年左右,欧洲的学者正式采用了这些符号和体系,15 世纪时欧洲人使用这种数字已相当普遍。那时的阿拉伯数字的形状与现代的阿拉伯数字还不完全相同,只是比较接近而已,之后又有许多数学家花费了很多心血,才使它们变成今天的 1、2、3、4、5、6、7、8、9、0 的书写方式。

阿拉伯数字起源于印度,但却是经由阿拉伯人传向四方的,这就是它们后来被称为阿拉伯数字的原因。

亲和数

在纸上写下自然数 220 和 284。

220 有 12 个因数,分别是 1、2、4、5、10、11、20、22、44、55、110、220。不算 220 这个自身因数,那么其他因数的和刚好是 284。

284 一共有 6 个因数:1、2、4、71、142、284。不算 284 这个自身因数,那么其他因数的和刚好是 220。

这两个数字就好比亲密无间的朋友,数学上把这样的自然数叫作"亲和数",这两个数字是毕达哥拉斯发现的,是人类认识的第一对亲和数,也是最小的一对亲和数。

据说,毕达哥拉斯的一个学生向他提出这样一个问题:"我结交朋友时,存在着数的作用吗?"毕达哥拉斯毫不犹豫地回答:"朋友是你灵魂的倩影,要像 220 和 284 一样亲密。"人之间讲友谊,数之间也有"相亲相爱"的关系。后来,人们把 220 和 284 叫作"亲和数"或者"朋友数""相亲数"。这就是关于"亲和数"这个名称来源的传说。

电子计算机诞生以后,结束了笔算寻找亲和数的历史。有人在计算机上对所有 100 万以下的数逐一进行了检验,总共找到了 42 对亲和数,10 万以下的数中仅有 13 对亲和数。

但因计算机功能和数学算法的限制,目前在亲和数的研究方面还没有重大突破。但是,新的亲和数正等待着不畏艰辛的数学家和计算机专家去找寻。

有趣的回文数

相传，有一位秀才游历桂林名胜之一的斗鸡山。他觉得山名新奇有趣，不觉吟出一句："斗鸡山上山鸡斗。"如果把这算作上联，那下联呢？他怎么也对不上来。秀才回家后，去请教自己的老师。老师说："你的上联是回文句，正读反念，其音其义都一样。我不久前游了龙隐洞，就以此来对吧。"说罢，吟道："龙隐洞中洞隐龙。"秀才一听，赞叹道："此乃天赐绝对！"

上面的对联称为回文联。回文是文学创作中的一种修辞手法，这种修辞手法讲究语言文字的排列技巧，顺读倒读，流畅自如，给人以一种循环往复的情趣。请再看一个回文联：雾锁山头山锁雾，天连水尾水连天。

在数学中，也有文学中的回文现象。像回文数就是一种非常有趣的数。一个自然数，如果从左往右读和从右往左读一样，我们就把这个数称为回文数。比如181、57175等都是回文数。

关于回文数，有一个著名的"回文数猜想"：任意写一个自然数，把它倒过来写成另一个自然数，并将这两个数相加；然后将所得的和倒过来，与原来的和相加；重复这一过程，经过有限次运算后，一定会得到一个回文数。

比如，写一个自然数4819，按上述步骤运算：

$$4819＋9184＝14003$$
$$14003＋30041＝44044$$

只经过两步计算，就得到了一个回文数44044。

如果写出的自然数是69，那么，只要经过三步计算就可得到回文数4884。

就像数学中的许多猜想一样，至今还没有人能证明"回文数猜想"是否成立。可能的最小反例是196，有人已用计算机对这个数进行了几十万步的计算，都没获得回文数。尽管如此，也不能说明它永远不会产生回文数。寻找这种数那么难，却还是有人去寻找，为什么去寻找呢？是它的奇异和美丽吸引了许多的人。

一、回文质数

回文数中有许多是质数，它们被称为回文质数。1000以内的回文质数有15个：11、101、131、151、181、191、313、353、373、383、727、757、787、797、919。

二、回文算式

除了"回文数"以外，数学中还有一些算式也具有与回文数类似的特点。请看：

$$3 \times 51 = 153$$
$$4307 \times 62 = 267034$$
$$9 \times 7 \times 533 = 33579$$

上面这些算式,等号左边是两个(或三个)因数相乘,右边是它们的乘积。如果把每个算式中的"×"和"="去掉,那么,它们都变成回文数,像这样形式的算式叫作"回文算式"。

三、回文等式

不知你是否注意到,如果分别把回文算式等号两边的因数交换位置,得到的仍是一个回文算式。比如:分别把"$12 \times 42 = 24 \times 21$"等号两边的因数交换位置,得到的算式是:

$$42 \times 12 = 21 \times 24$$

还有更奇妙的回文算式:

$$12 \times 231 = 132 \times 21 = 2772$$
$$12 \times 4032 = 2304 \times 21 = 48384$$

这种回文算式,连乘积都是回文数。

数学家海伦研究了一些奇妙的回文数等式。

回文数乘法等式:

$$34 \times 86 = 68 \times 43$$
$$102 \times 402 = 204 \times 201$$

回文数加法等式:

$$87 + 56 + 34 + 21 = 12 + 43 + 65 + 78$$
$$81 + 54 + 36 + 27 = 72 + 63 + 45 + 18$$

四、回文数制作

通过对回文数进行大量的研究,数学家们找到了回文数的制作方法,例如:

一个数与其倒序数相加,可以得到回文数。如:

$$74 + 47 = 121$$

将一个数与其倒序数相加,再将相加所得结果与其倒序数相同,如此重复该运算多次,也可得到回文数。如:

$$68 + 86 = 154$$
$$154 + 451 = 605$$
$$605 + 506 = 1111$$

一个数与其倒序数相乘,也可得到回文数。如:

$$21 \times 12 = 252$$

相邻的两个数相乘,也可以得到回文数。如:

$$77 \times 78 = 6006$$

有些数的平方也是回文数。如:

$$11^2 = 121$$

$$111^2 = 12321$$

$$1111^2 = 1234321$$

$$\cdots\cdots$$

$$111111111^2 = 12345678987654321$$

有些数的立方也是回文数。如:

$$7^3 = 343$$

$$11^3 = 1331$$

$$101^3 = 1030301$$

有些回文数经过加减运算,仍可得到回文数。如:

$$56365 + 12621 = 68986$$

$$5775 - 2222 = 3553$$

有人研究了一种方法,可以把所有两位数乘两位数的回文算式都找出来。

我们知道,用1~9这九个自然数,可以组成两个一位数相乘之积相等的算式,共9组:

$$1 \times 4 = 2 \times 2 \qquad 1 \times 6 = 2 \times 3 \qquad 1 \times 8 = 2 \times 4$$

$$1 \times 9 = 3 \times 3 \qquad 2 \times 6 = 3 \times 4 \qquad 2 \times 8 = 4 \times 4$$

$$2 \times 9 = 3 \times 6 \qquad 3 \times 8 = 4 \times 6 \qquad 4 \times 9 = 6 \times 6$$

从中随意选取一组,比如:$2 \times 6 = 3 \times 4$。先分别在等号左边的2、6后面添上等号右边的数3、4,使两个因数分别变成两位数23、64;再分别在等号右边的3、4后面添上等号左边的数2、6,使两个因数分别变成两位数32、46。通过计算发现,这时的等式还成立:$23 \times 64 = 32 \times 46$。把这个等式稍作变形,就是回文算式:

$$23 \times 64 = 46 \times 32$$

$$64 \times 23 = 32 \times 46$$

假如分别在2、6后面添上4、3,得24、63;再分别在3、4后面添上6、2,得36、42,还可得到一个回文算式:

$$24 \times 63 = 36 \times 42$$

运用这种方法,对上面其余8组等式进行填数试验,就能得到所有两位数的回文算式。

奇妙的"三位数"

数学是一门让你惊奇万分的科学。现在让我们在演算游戏的过程中感受数学的神奇趣味吧！

用笔在纸上任意写三位数，然后在这三位数的后面续写这三位数，这样就成了六位数。用计算机将这个数字除以 7，再除以 11，接着除以 13，你会惊讶地发现还是原来的三位数。这是为什么呢？

这个游戏的奥秘在于三位数重复组成的六位数，其实也就是将这三位数乘以 1001 得到的数字，而 1001 是 7、11、13 三个数的乘积。

你明白其中的道理了吗？

运算符号的由来

表示计算方法的符号叫作运算符号。如四则运算中的＋、－、×、÷等。

你知道这些运算符号是怎么来的吗？

"＋"与"－"这两个符号是德国数学家魏德曼于 1489 年在他的著作《简算与速算》一书中首先使用的。据说魏德曼当时的工作是帮助政府和商人进行数字计算，相当于现在的会计工作。由于政府和商人的业务繁忙，魏德曼经常因为繁琐的运算而身心疲惫。经过长期的实践，魏德曼终于找到一种理想的解决方案，用"＋"表示相加，用"－"表示相减。这就是"＋"与"－"符号的由来。

"＋"与"－"这两个符号在 1514 年被荷兰数学家赫克作为代数运算符号，后又经法国数学家韦达的宣传和提倡，开始普及，直到 1630 年，才获得大家的公认。

1631 年，英国数学家奥特雷德提出用符号"×"表示相乘。乘法是表示增加的另一种方法，是加法的简便运算，所以把"＋"号斜过来。另一个乘法符号"·"是德国数学家莱布尼茨首先使用的。

在瑞士学者雷恩于 1656 年出版的一本代数书中，首次用符号"÷"表示相除。这在当时并未被大家所接受，使用范围也并不广泛。又过了一段时间，英国的约翰·贝尔在其数学著作中使用了此符号，"÷"才逐渐被大家所接受。

轴对称与加法

在高斯小学三年级的时候,他的老师出了一道计算题:1+2+3+4+…+100 等于多少。高斯很快地计算出了结果:5050。

今天肖爷爷也给同学们带来了一道计算题:求图 7 中各数的和,看谁算得又对又快。

过了一会儿,肖爷爷请同学们说一下思路。

小明说:"可把每个数都加起来,一定能得出答案。"

小红说:"把每行加起来,第一行的和为 55,第二行比第一行多 10,第三行比第二行多 10,第四行比第三行又多 10……第一行的和是 55,其余各行的和依次为 65,75……最后一行的和为 145,再把他们加进来,55+65+…+145,就能得出答案是 1000 了。"

小刚说:"还可以再简单一点,请看图 8。"

图 7　　　　　　图 8

"对角线上都是 10,共 10 个 10,对角线上方一共有 1+2+3+4+…+9=45 个数,把对角线看成是一条对称轴,每一个数都与对称的一个数相加得 20。比如 1 与 19 对称、2 与 18 对称、3 与 17 对称、4 与 16 对称,1+19=20,2+18=20,3+17=20,一共有 45 个 20。再加上对角线的 10 个 10,算式是(1+2+3+…+9)×20+10×10=900+100=1000。"同学们都为小刚鼓起了掌。

"肖爷爷,我还有一种方法,算式是 10×10×10,您看对吗?"小丽谦虚地说。"你是怎么想的?"肖爷爷高兴地问,"与同学们分享一下你的想法。"

小丽讲到:"其实我和小刚的方法差不多。首先我们做一个简单的题目,如图 9,很容易看出一条对角线上的三个数都是 3。把这条对角线看成对称轴,那么 2

与 4 对称,1 与 5 对称。2+4=6,1+5=6,如图 10。再把 2+4 看成 3+3,把 1+5 也看成 3+3,如图 11。每行有 3 个 3,共 3 行,所以和就是 3×3×3。"

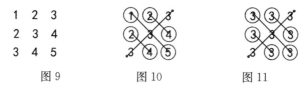

图 9   图 10   图 11

"再看一个难度稍微大一点的,如图 12。就容易得到这些数的和为 5×5×5=125。"小丽继续说道。

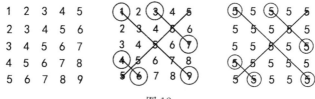

图 12

"最后看肖爷爷出的题目,如图 13,就非常容易得到算式为 10×10×10=1000 了。"

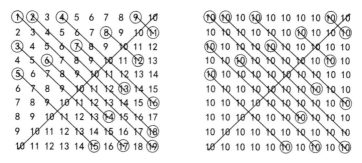

图 13

同学们都为小丽精彩的讲解和敏捷的思路喝彩,教室里又一次响起了热烈的掌声。

孩子们在完成这道题时,不但能清晰地表达自己的想法,而且能逐步深入到问题的本质。特别是小丽对此题的理解,不但解题方法很好,而且在讲解时还会用类比方法,化繁为简,从这一点看,是非常难能可贵的。

百鸡问题与不定方程（组）

传说南北朝时期的张丘建小时候非常喜欢数学，当时的宰相听说了，就给他出了一道题：拿100文钱去买100只鸡，公鸡5文1只，母鸡3文1只，小鸡1文3只，应该如何买？张丘建很快算出来了，应买4只公鸡、18只母鸡、78只小鸡。宰相非常高兴，对他赞不绝口。后来张丘建成了数学家，公元466—485年他编写的《张丘建算经》成书，实用性很强，推动了社会的发展。

不定方程（组）指的是未知数的个数比方程的个数多，而且未知数受到某些限制（如正整数解，整数解或有理数解）的方程（组）。不定方程（组）是数论中最古老的分支，也是一个具有探讨价值的课题。

百鸡问题也就是不定方程（组）问题，在世界上流传很广，9世纪印度、13世纪意大利的数学著作中都有百鸡问题。显然，中国的百鸡问题要比他们早好几百年。

我国古代就有对不定方程的研究，且研究的内容丰富且广泛，在世界数学史上具有举足轻重的作用。例如《周髀算经》的商高定理、《孙子算经》中的"物不知其数"问题、《九章算术》中的"五家共井"问题等都属于不定方程问题。

由于早在1700多年前，古希腊数学家丢番图就曾系统研究了某些不定方程（组）的问题，因而大部分英文著作中都将不定方程（组）称为丢番图方程。

下面介绍一种对于二元一次不定方程，无法直接利用观察法看出特解，或者未知数的系数比较大时可以采用的解法。

首先把二元一次不定方程（组）化成各系数及常数都是整数的二元一次方程，然后用含有一个未知数的项去表示另一个未知数，最后根据各未知数均为整数（或正整数）的条件求解。以解决百鸡问题为例：

解：设公鸡 x 只，母鸡 y 只，小鸡 $z=(100-x-y)$ 只。

则 $5x+3y+\dfrac{100-x-y}{3}=100$，

化简得 $y=\dfrac{100-7x}{4}$，

因为 x、y 为正整数，所以可以得出正确答案：

x	0	4	8	12	16	20	⋯
y	25	18	11	4	−3	−10	⋯
z	75	78	81	84	87	90	⋯

有四种情况符合要求：

（1）公鸡 0 只，母鸡 25 只，小鸡 75 只；

（2）公鸡 4 只，母鸡 18 只，小鸡 78 只；

（3）公鸡 8 只，母鸡 11 只，小鸡 81 只；

（4）公鸡 12 只，母鸡 4 只，小鸡 84 只。

农历中的数学

农历自春秋时期创建以来，至今已有 2500 多年的历史。由于中国古代是农业社会，开展农事活动需要严格了解太阳的运行情况，所以在历法中加入了反映太阳运行周期的"二十四节气"，用作确定闰月的标准。

农历的大月、小月：这得先介绍一下朔望月，朔望月是指月球相继两次具有相同月相所经历的时间。我国古代把完全见不到月亮的一天称"朔日"，定为农历的每月初一；把月亮最圆的一天称"望日"，为农历的每月十五（或十六）；把月亮圆缺的一个周期称为一个"朔望月"，平均为 29.5306 天。也就是说，就一个月来说，最近似的天数是 30 天。两个月就应当 1 大 1 小，大月 30 天，小月 29 天。15 个月中应当 8 大 7 小，17 个月中 9 大 8 小。

农历的闰年、闰月：农历中的闰年不是增加 1 天，而是增加 1 个月。这是因为地球公转周期为 365.2422 天，而月球公转周期为 27.32 天，因此有些年有 12 个月，而有些年有 13 个月，叫作闰年。因此，2 年 1 闰多了，3 年 1 闰少了，8 年 3 闰多了……经过推算，19 年 7 闰比较合适。

因为十九个回归年有 $19 \times 365.2422 = 6939.6018$（日），而十九个农历年（加七个闰月后）共有 $19 \times 12 + 7 = 235$ 个朔望月，等于 $235 \times 29.5306 = 6939.6910$（日），这样二者只差 0.0892 天，相当于每年只差大约 7 分钟。那农历具体是怎么置闰呢？这就和二十四节气有关了。

二十四节气与置闰：多数人认为，二十四节气属于农历范畴，其实是不对的。二十四节气是根据太阳在黄道（即地球绕太阳公转的轨道，如图 14 所示）上的位置来划分的，实质上属于阳历范畴。节气在现行的公历中的日期基本固定，上半年在 6 日、21 日，下半年在 8 日、23 日，前后不差 1、2 天。

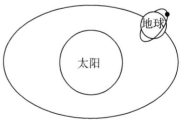

图 14

我国是严格而准确地参照农业节气来安排阴历的闰月和大月、小月的，且不断地予以调整。二十四节气分为 12 个节气和 12 个中气，如表 1 所示。

表 1　二十四节气

月份	节气	中气	月份	节气	中气
一月	立春	雨水	七月	立秋	处暑
二月	惊蛰	春分	八月	白露	秋分
三月	清明	谷雨	九月	寒露	霜降
四月	立夏	小满	十月	立冬	小雪
五月	芒种	夏至	十一月	大雪	冬至
六月	小暑	大暑	十二月	小寒	大寒

在农历月份里，中气要逐月推后一天半，大约每过两年多，中气必然会从月中推移到某个月的月末。如果紧接这个月之后是个小月，那很可能这个小月就没有中气。农历中就把没有中气的月份作为闰月，跟在某月之后，叫作闰某月。

为什么每月的天数不一样？

小朋友，我们都知道一年有 365 天，12 个月。可是每个月的天数都不一样，有 31 天的，有 30 天的，而 2 月有的时候是 28 天，有的时候是 29 天，这是怎么回事呢？这得从古罗马说起。

在古罗马，有一位叫儒略·凯撒的有名的统帅，他主持制定了历法。因为他自己生于 7 月，为了表示自己的伟大，他就决定把 7 月改叫"儒略月"；连同其他和 7 月一样的单月，都定为 31 天，双月都定为 30 天。可是如果这样算的话，一年就有 366 天了，和地球绕太阳一周的时间不一样，历法就不准确了。因为 2 月是古罗马处决犯人的月份，凯撒为了表示自己的"仁慈"，就下令把 2 月减少了 1 天，这样就能减少处死的人数了。这样，2 月就有 29 天，而在闰年的时候则是 30 天。

凯撒死后，奥古斯都成为继承人。因为奥古斯都生于 8 月，他便效仿凯撒把 8 月叫"奥古斯都月"，还把原来 8 月的 30 天加了 1 天，又把 10 月、12 月也都改成了 31 天。这样一来，一年就又多出 3 天了。所以他又把 9 月和 11 月都改成了 30 天，并从 2 月里减少了 1 天。这样一来，2 月变成了 28 天，只有闰年的时候才有

29 天。

所以,现在公历中 1、3、5、7、8、10、12 月是 31 天,4、6、9、11 月是 30 天,而 2 月有时候是 28 天,有时候是 29 天。

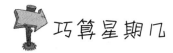

巧算星期几

古巴比伦人发明了星期的说法。他们把火星、水星、木星、金星、土星、太阳、月亮加在一起,制定出了月曜日(星期一)、火曜日(星期二)、水曜日(星期三)、木曜日(星期四)、金曜日(星期五)、土曜日(星期六)、日曜日(星期日)。

这种用周来划分月份的方法,为人们制定计划提供了方便。

可是一个星期有 7 天,你能算出从今天开始 100 天以后是星期几吗?

如果一天天地数,那太麻烦了。这时如果能够找出日历当中隐藏的数学知识,这件事就会变得很简单了。

如果今天是星期五,那么 100 天之后的那天是星期几呢?

因为每 7 天循环一次,所以 100÷7=14(周)……2(天),100 天后的那天就相当于星期五再过 2 天,那就是星期日。

如果今天是星期五,那么 1000 天后的那天是星期几也可以利用同样的方法进行计算:1000÷7=142(周)……6(天),1000 天后的那天就相当于星期五再过 6天,5+6=11(天),超过了一周,再减去 7 天,那就是 5+6-7=4,是星期四。

你看懂了吗? 自己写一个天数验证一下,再看看和日历上的星期几是否相同。

时区和国际日界线

地球总是自西向东自转,东边总比西边先看到太阳,东边的时间也总比西边的早。东边时刻与西边时刻的差值不仅要以时计,还要以分和秒来计算,这给人们的日常生活和工作都带来许多不便。例如,当你从东向西航行时,因为你是在追赶太阳,所以就感到白天"加长"了;相反,当你从西向东航行时,由于是背离太阳,所以就有白天"短"了的感觉。这样,你就往往会记错日子,把时间搞错。

那么,怎样克服时间上的混乱呢? 为了解决这个问题,人们把在地球仪或地图上连接南北两极的线,叫经线。因为经线指示南北方向,所以经线又叫子午线。国际上规定,把通过英国伦敦格林尼治天文台原址的那条经线,叫作0°经线,也叫本初子午线。

把地球划分为二十四个时区,每个时区的中央经线上的时间就是这个时区内统一采用的时间,称为区时。0°经线对应的时区是中时区,0°经线以东地区的经线度数为东经,时区也对应为东一区至东十二区;同理,0°经线以西地区的经线度数为西经,时区也对应为西一区至西十二区。每个时区横跨经度15°,时间正好是1小时。最后的东、西第12区各跨经度7.5°,以东、西经180°为界。相邻两个时区的时间相差1小时,各地的标准时间为格林尼治时间加上或减去时区中所标的小时和分钟数。

不同时区的时间计算方法:同减异加,东加西减。"同减"指同在东时区或同在西时区,则两区时相减。例如:东八区和东五区都在东时区,则8-5=3,"异"则相加。一张零时区居中的世界地图,如果所求时区在已知时区东边,那么根据"东加西减"的方法,两时区相减所得结果加上已知时区的时间即所求时区的时间,否则为减。如:我国东8区的时间总比泰国东7区的时间早1小时,而比日本东9区的时间晚1小时。因此,出国旅行的人,必须随时调整自己的手表,才能和当地时间相一致。

时差的计算方法:两个时区标准时间(时区数)相减就是时差,时区的数值大的时间早。

1884年在华盛顿召开的一次国际经度会议决定,把180°经线附近作为日界线(date line),又称为国际日期变更线,是以"格林尼治时间"为标准的日期变更线。"格林尼治时间"是穿过英国伦敦郊区的格林尼治天文台的0°经线的时间,国际上规定为"世界时"。180°经线正好处于与它相对应的地球另一面,国际日期变更线是不动的。

日界线一共有两条,基本位于180°经线的日界线被称为"国际日界线";而另一条则被称为"自然日界线",它实际上就是地方时为当日24时、次日0时的那条经线,它与国际日界线(180°经线)共同将地球分为两个不同的日期。而当自然日界线与国际日界线重合的时候,地球所有的地方都是同一日期。

当日界线西侧时间是星期日12时,日界线东侧则还是星期六的12时,两者相差24小时(一天)。因而,当飞机由西向东越过日界线时,日期要退一日,反之日期要进一日。由于要照顾行政区域的统一性,日界线并不完全沿180°经线划分,而是绕过一些岛屿和海峡,自北通过白令海峡、阿留申群岛,南过萨摩亚、斐济、汤加等群岛,由新西兰东边再沿180°经线直到南极。在一般的世界地图上,也都将此线标出来,以便识别,该线也是东西十二区的分界线。向东航行的船自过这一线时即减去一天,如二日正午改为一日正午,反之则增加一天。

有了日界线,并在经过日界线时进行日期变更,那么进行环球航行和时刻换算时就可以避免日期混乱。例如,若北京为当日 6 时,问此时华盛顿的时间。华盛顿在西 5 区,北京在东 8 区。因此,华盛顿的时刻只能是迟于北京时间 13 小时,而不是早于北京时间 11 小时,推算的方法可以有两种:既可以向西推算,也可以向东推算,只要在越过日界线时进行日期变更,其结果完全相同。例如,自北京向西推算,退 13 时,不经过日界线,华盛顿时间为昨日 17 时;若向东推算,进 11时,为同日 17 时,因向东越过日界线,退 1 日,华盛顿时间仍为昨日 17 时。两种推算途径结果相同,避免了日期混乱。

如何设置密码?

现在,在我们的学习和生活中密码被广泛地使用。比如:到银行存款、取款要密码,手机开机用密码,打开电脑要密码……

人们为了方便记忆,往往用身份证上的后六位数字或生日作为密码,这样很不安全。那么怎样设置安全又容易记住的密码呢?

今天就教给大家一个小方法。比如我们仍然用生日作为密码,但是要稍微改变一下,可用一个数学公式来计算。如:生日是某年的 9 月 8 日。我们可利用公式 $(x+y)(x-y)=x^2-y^2$ 来做一个变换。

当 $x=9, y=8$ 时,

$x+y=17, x-y=1, x^2=81, y^2=64$。

可以规定对于 $x+y=17, x-y=1$ 的结果取个位,再与 $x^2=81, y^2=64$ 的结果组合起来。密码为:718164。

我们也可以采用其他的数学公式,只要记住是哪个公式就可以了。这样,即使别人拿到你的身份证,他也破译不了你的密码,是不是安全系数提高了很多?你学会了吗?

浅析图形的剪拼

图形的剪拼问题,是一个充满了智慧和挑战的问题,它不仅能为我们增添生活情趣,而且里面蕴含着许多深刻的学问。它的特点是:题目直观性强,解法和结论开放,各种程度的学生都能独立地做出各自的答案,有利于提高学生的观察能力、空间想象能力、综合分析能力以及逻辑推理能力。同时,它有一定的实用价值,对工厂里如何下料、工艺美术中如何设计图案等都有参考价值。但只有让学生们掌握了一些相关的数学性质、思想和方法后,才能让他们掌握这类问题的本质含义。

一、直接观察法

1.用剪刀将图15(a)一分为二后,要使其可拼出图15(b)至图15(e)所示的图形,应该怎样剪?

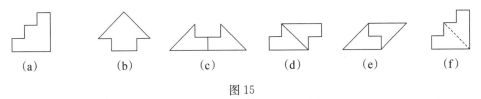

(a)　　　　(b)　　　　(c)　　　　(d)　　　　(e)　　　　(f)

图15

分析:首先观察图15(b)至图15(e)四个图形,因为它们都是由两个图形拼成的,其中图15(b)、图15(c)是轴对称图形,图15(d)、图15(e)是中心对称图形。因此应将图15(a)按图15(f)中的虚线剪切。

2.如图16(a),如何将有一个角为45°,且下底长等于上底长2倍的直角梯形分成四个面积相等、形状相同的图形?

分析:可以先把图16(a)分解成一个正方形和一个等腰直角三角形。因为正方形可以分成四个小正方形,等腰直角三角形也可以分成四个小等腰直角三角形。所以,按题目要求所分成的四个图形必为一个小正方形和一个小等腰直角三角形的组合图形,则容易得到分法,如图16(b)。

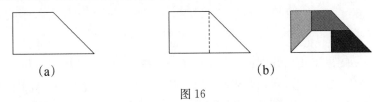

(a)　　　　　　　　(b)

图16

二、图形的旋转与平移法

如图17(a),对任意锐角三角形,设计一种方案,将它分成若干块,再拼成一个与原三角形等面积的矩形。

分析:因为图形剪切后,需要拼成矩形。所以,应剪出相等的线段,这就容易想到以某边的中点为突破口,设计裁剪线,再与图形的旋转和平移结合起来,可得到下面几种方法:

方法一:如图 17(b),取 △ABC 的两边 AB、AC 的中点 D、E;分别过 D、E 向 BC 作垂线 $DM \perp BC$,$EN \perp BC$,M、N 分别为垂足,得到区域 Ⅰ 和区域 Ⅱ。分别以 D、E 为旋转中心,将区域 Ⅰ 和区域 Ⅱ 旋转 $180°$,得到图 17(c),则四边形 $MNN'M'$ 为所要拼接的矩形。

方法二:如图 17(d),将区域 Ⅰ 绕 D 点旋转 $180°$,将区域 Ⅱ 向左平移 BC 个长度单位,可得图 17(e),即为所要拼接的矩形。

方法三:如图 17(f),将区域 Ⅰ 和区域 Ⅱ 分别绕 D、E 两点旋转 $180°$,可得图 17(g),即为所要拼接的矩形。

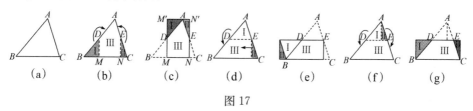

图 17

三、利用中点法

如图 18(a),任意一个凸四边形 $ABCD$,请你将它剪成四块,然后拼成一个平行四边形。

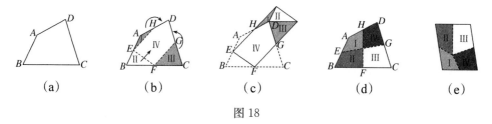

图 18

方法一:如图 18(b),分别取 AB、BC、CD、DA 的中点 E、F、G、H,连接 HE、EF、FG,把图分成 Ⅰ、Ⅱ、Ⅲ、Ⅳ 四部分,分别以 H、G 为旋转中心,将图中 Ⅰ、Ⅲ 部分旋转 $180°$,再将图形 Ⅱ 平移,容易得到图 18(c)。

方法二:如图 18(d),分别取 AB、BC、CD、DA 的中点 E、F、G、H,沿 EG、FH 把四边形 $ABCD$ 分成 Ⅰ、Ⅱ、Ⅲ、Ⅳ 四部分,再把每部分大约旋转 $90°$,再进行平移,使 A、B、C、D 四点重合,适当调整 Ⅰ、Ⅱ、Ⅲ、Ⅳ 的位置即可得到图 18(e)。

四、面积法

1.直接计算面积法

例:图19是把一个上底等于2、下底等于4的梯形纸片,剪成面积相等的三块的一种方案。请再画出几种裁剪方案。

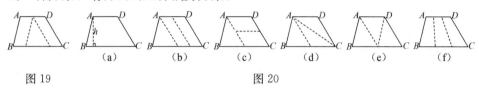

图19   图20

分析:设梯形的高为h。则$S_{梯形}=\dfrac{(2+4)h}{2}=3h$。那么分成的每一小块面积为$h$。分成的图形有可能是三角形、梯形、平行四边形几种情况。利用线段中点、三等分点进行尝试,则易得几种方案,如图20。

2.利用面积求边长法

(1)如图21,一个画有五个边长为1的正方形的纸片,要把它剪成三块,拼成一个正方形$ABCD$,请你画出裁剪线和拼成的正方形。

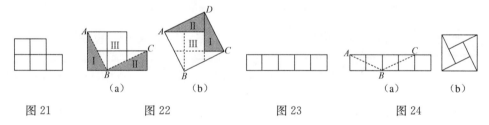

图21   图22   图23   图24

分析:已知多边形的面积为5,则所拼成的正方形的面积为5,边长为$\sqrt{5}$。因此,在图21中要找到长度为$\sqrt{5}$的线段。连接AB,则$AB=\sqrt{5}$,那么AB为正方形的一边。连接BC,沿AB、BC剪下拼接即可,如图22。

(2)试将长5、宽1的长方形剪成五块后,拼成一个正方形,如图23。

分析:长方形的面积为5,所以剪拼后的正方形面积为5,边长为$\sqrt{5}$。如图24(a),连接AB、BC,并沿AB、BC剪下,拼接可得图24(b)。

(3)如图25,将一个规格为16×9的长方形分割成两块,再将这两块重拼为一个正方形。

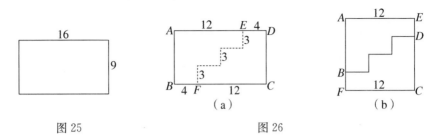

图 25　　　　　　　　　图 26

分析:首先计算长方形的面积为 $16\times9=144$,那么正方形的面积为 144,边长为 12。由此可在长方形 $ABCD$ 的 AD 边上找到点 E,使 $AE=12$(但不能过 E 点作 BC 的垂线,这样剪成的两块不能拼成正方形)。再从中心对称的角度考虑,在 BC 上找一点 F,使 $CF=12$。因为不能沿 EF 线剪开,且 $AB=9$,所以 AB 应加上 3 个单位长度,因此容易想到过 E、F 点作阶梯状截线,如图 26。

五、综合法

例:两个正方形边长分别是 a 和 $b(b>a)$,请将边长为 b 的正方形切成大小和形状相同的四块,与另一个小正方形拼在一起,合成一个正方形,如图 27。

分析:拼成的大正方形面积是 a^2+b^2,边长是 $\sqrt{a^2+b^2}$,容易想到裁剪线要过图形的几何中心,它的长度应该是 $\sqrt{a^2+b^2}$。在 AB 上取 $AE=BM=\dfrac{b-a}{2}$,则 $EM=b-2\times\dfrac{b-a}{2}=a$,而且在正中位置上,取 $CF=\dfrac{b-a}{2}$,$\triangle EFM$ 是直角三角形,$EF=\sqrt{a^2+b^2}$,并且 EF 过正方形的几何中心 O。过 O 点作 $HG\perp EF$,利用图形的对称性,容易证明 $HG=EF$,$DH=BG=\dfrac{b-a}{2}$,并且 Ⅰ、Ⅱ、Ⅲ 和 Ⅳ 四块区域面积相等。这四块与边长为 a 的正方形拼合即可,如图 28(此拼图还可用于证明勾股定理)。

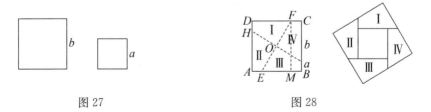

图 27　　　　　　　　　图 28

将军饮马

早在古罗马时期,传说亚历山大城有一位精通数学和物理的学者,名叫海伦。一天,一位罗马将军专程去拜访他,向他请教一个百思不得其解的问题。

将军每天从军营 A 出发,先到河边饮马,然后再去河岸同侧的军营 B 开会,应该怎样走才能使路程最短?这个问题的答案并不难,据说海伦略加思索就解决了它。从此以后,这个被称为"将军饮马"的问题便流传至今。

将军饮马问题常见模型

1. 将军第一次饮马(两定一动型):两定点到一动点的距离和最小

例1 如何在定直线 l 上找一个动点 P,使动点 P 到两个定点 A 与 B 的距离之和最小,即 $PA+PB$ 最小。

作法:如图 29,连接 AB,与直线 l 的交点为 Q,Q 即为所要寻找的点,即当动点 P 跑到了点 Q 处,$PA+PB$ 最小,且最小值等于 AB。

证明:连接 AB,交直线 l 于点 Q,P 为直线 l 上任意一点,根据两点之间线段最短可知:$PA+PB \geqslant AB$(当点 P 与点 Q 重合时取等号)。

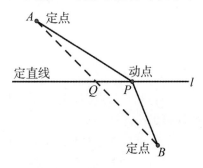

图 29

例2 如图 30,在定直线 l 上找一个点 P,使点 P 到两个定点 A 与 B 的距离之和最小,即 $PA+PB$ 的和最小。

作法:作定点 A 关于直线 l 的对称点 A',连接 $A'B$,与直线 l 的交点 P 即为所要寻找的点。

证明： 如图31，在直线 l 上任取一点 Q，连接 $A'Q$、BQ。根据两点之间线段最短，得 $A'Q+BQ \geqslant A'B$，所以 $A'Q+BQ \geqslant A'P+PB=AP+PB$，即 $AP+PB$ 最小。

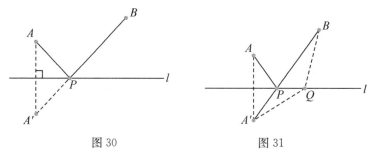

图30　　　　　　图31

2. 将军第二次饮马（两动一定型）

例3　在 $\angle MON$ 的内部有一点 A，在 OM 上找一点 B，在 ON 上找一点 C，使得 $\triangle ABC$ 周长最小。

作法： 如图32，作点 A 关于 OM 的对称点 A'，作点 A 关于 ON 的对称点 A''，连接 $A'A''$，交 OM 于点 B，交 ON 于点 C，连接 AB、AC。则 $\triangle ABC$ 的周长最小，点 B、点 C 即为所求作的点。

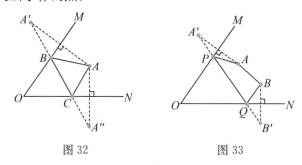

图32　　　　　　图33

例4　在 $\angle MON$ 的内部有点 A 和点 B，在 OM 上找一点 P，在 ON 上找一点 Q，使得四边形 $APQB$ 周长最小。

作法： 如图33，作点 A 关于 OM 的对称点 A'，作点 B 关于 ON 的对称点 B'，连接 $A'B'$，与 OM 交于点 P，与 ON 交于点 Q，连接 AP、PQ、QB、BA。则四边形 $APQB$ 的周长最小，点 P、点 Q 即为所求作的点。

3. 将军第三次饮马（两定两动型最值）

例5　已知 A、B 两点在直线 l 的同侧。求作：在直线 l 上找两个点 M、N，使 MN 长度等于定长 d（点 M 位于点 N 左侧），且 $AM+MN+NB$ 的值最小。

作法一： 如图34，将点 A 向右平移长度 d 得到点 A'，作 A' 关于直线 l 的对称点 A''，连接 $A''B$，交直线 l 于点 N，将点 N 向左平移长度 d，得到点 M，连接 AM、NB。则 $AM+MN+NB$ 的值最小。

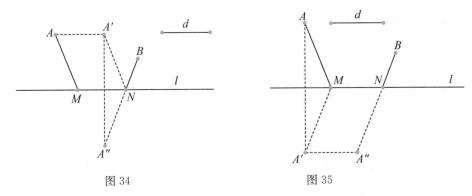

图 34   图 35

作法二:如图 35,先作点 A 关于直线 l 的对称点 A',再将点 A' 向右平移长度 d 得到点 A'',连接 $A''B$,交直线 l 于点 N,将点 N 向左平移长度 d,得到点 M,连接 AM、NB。则 $AM+MN+NB$ 的值最小。

例 6   如图 36,A、B 两村之间隔着一条小河,河宽为 d,现在要修一条连接两村的公路。问:在何处修桥才能使这条公路最短?

已知:直线 $m /\!/ n$。

求作:在直线 m 上找一个点 C,直线 n 上找一个点 D,使得 $CD \perp n$,且 $AC+BD+CD$ 最短。

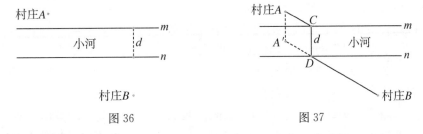

图 36   图 37

作法:如图 37,过点 A 作 AA' 垂直于 m,且使 $AA'=d$,连接 $A'B$,交 n 于点 D,过点 D 作 $DC \perp n$,交 m 于点 C,连接 AC,则桥 CD 即为所求。此时最小值为 $A'B+CD=AC+BD+CD$。

依据:两点之间,线段最短。

4.将军第四次饮马(垂线段最短型)

例 7   在 $\angle MON$ 的内部有一点 A,在 OM 上找一点 B,在 ON 上找一点 C,使得 $AB+BC$ 最短。

作法:如图 38,作点 A 关于 OM 的对称点 A',过点 A' 作 $A'C \perp ON$,C 为垂足,交 OM 于点 B,连接 AB、BC,则 $AB+BC$ 最短,点 B、点 C 即为所求作的点。

依据:垂线段最短。

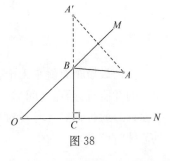

图 38

其他距离问题模型

例 8 在定直线 l 上找一个动点 P，使动点 P 到两个定点 A 与 B 的距离之差最小，即 $|PA-PB|$ 最小。

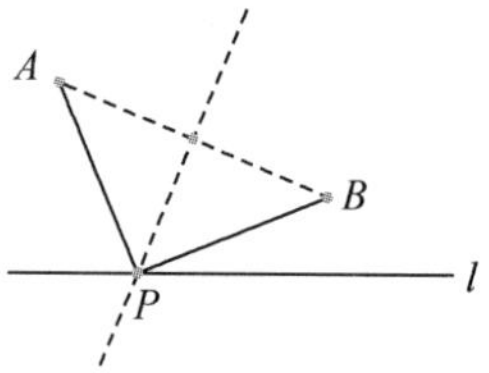

作法：如图 39，连接 AB，作 AB 的中垂线，与 l 的交点即为所求点 P，此时 $|PA-PB|=0$。

依据：线段垂直平分线上的点到线段两端的距离相等。

图 39

例 9 如图 40，点 A、B 在直线 l 的同侧，请在直线 l 上找一个点 P，使点 P 到两个定点 A 与 B 的距离之差最大，即 $|PA-PB|$ 最大。

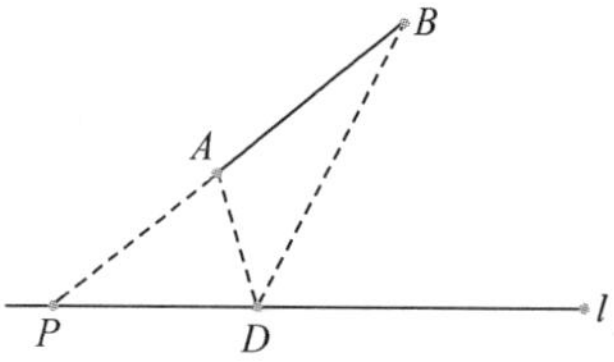

作法：延长 BA 交直线 l 于点 P，点 P 即为所求，$|PA-PB|$ 的最大值为 AB 的长度。

证明：在直线 l 上任取一点 D（不与 P 重合），连接 DA、DB，则 $|DB-DA|<AB$。

依据：三角形任意两边之差小于第三边。

图 40

例 10 如图 41，点 A、B 在直线 l 的两侧，请在直线 l 上找一个点 P，使点 P 到两个定点 A 与 B 的距离之差最大，即 $|PA-PB|$ 最大。

作法：作点 B 关于直线 l 的对称点 B'，连接 AB' 并延长，交直线 l 于点 P，则点 P 即为所求作的点，$|PA-PB|$ 的最大值为 AB' 的长度。

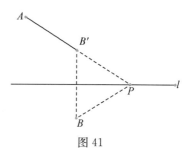

图 41

依据：三角形任意两边之差小于第三边。

总之，解决这类动点最值问题的关键是，要善于作定点关于动点所在直线的对称点，或动点关于动点所在直线的对称点。这对于我们解决此类问题有事半功倍的作用。

会数学的小蚂蚁

所谓最短距离就是无论在立体图形还是平面图形中的两点间的最短距离，常涉及的性质有：两点之间，线段最短；垂线段最短。常用的方法：(1)把立体转化为平面；(2)通过轴对称寻找对称点。解题思路：找某点关于某直线的对称点，实现"折"转"直"。

例1 如图42,边长为1的正方体中,一只蚂蚁从顶点 A 出发沿着正方体的表面爬到顶点 B 的最短距离是多少?

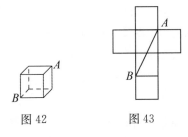

图42　　　　　　图43

解:如图43,将正方体展开,根据"两点之间,线段最短"可知,线段 AB 即为最短路线。$AB=\sqrt{2^2+1^2}=\sqrt{5}$。

例2 如图44,点 A、B 分别是棱长为 2 cm 的正方体左、右两侧面的中心,一只蚂蚁从点 A 沿其表面爬到点 B 的最短路程是多少?

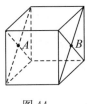 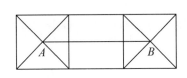

图44　　　　　　　　　　图45

解:由题意得,从点 A 沿其表面爬到点 B 的最短路程是两个棱长的长,如图45所示,即 $2+2=4(cm)$。

例3 如图46所示是一棱长为 3 cm 的正方体,把所有的面均分成 3×3 个小正方形,其边长都为 1 cm。假设一只蚂蚁每秒爬行 2 cm,则它从下底面点 A 沿表面爬行至侧面的点 B,最少要用多少秒?

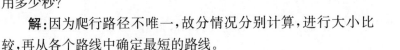

图46

解:因为爬行路径不唯一,故分情况分别计算,进行大小比较,再从各个路线中确定最短的路线。

(1)展开前面、右面,由勾股定理得 $AB=\sqrt{(2+3)^2+2^2}=\sqrt{29}(cm)$;

(2)展开底面、右面,由勾股定理得 $AB=\sqrt{3^2+(2+2)^2}=5(cm)$;

所以最短路径长为 5 cm,用时最少为 $5\div2=2.5(s)$。

例4 如图47,有一长、宽、高分别是 5 cm、4 cm、3 cm 的长方体木块,一只蚂蚁要从长方体的一个顶点 A 处沿长方体的表面爬到长方体上和 A 相对的顶点 B 处,则需要爬行的最短路径长为多少?

图47

分析：把此长方体的一面展开，在平面内，两点之间线段最短。利用勾股定理求点 A 和点 B 间的线段长，即可得到蚂蚁爬行的最短距离。在直角三角形中，一条直角边长等于长方体的高，另一条直角边长等于长方体的长、宽之和，利用勾股定理可求得斜边长。平面展开图共有 3 种情况，故先分情况分别计算，进行大小比较，再从各个路线中确定最短的路线。

解：(1)展开前面、右面，由勾股定理得 $AB^2=(5+4)^2+3^2=90$；

(2)展开前面、上面，由勾股定理得 $AB^2=(3+4)^2+5^2=74$；

(3)展开左面、上面，由勾股定理得 $AB^2=(3+5)^2+4^2=80$；

所以最短路径长为 $\sqrt{74}$ cm。

例 5 如图 48 是一个长 4 m、宽 3 m、高 2 m 的有盖仓库，在其内壁的 A 处（长的四等分）有一只壁虎，B 处（宽的三等分）有一只蚊子，则壁虎爬到蚊子处最短距离为多少？

A. 4.8 m   B. $\sqrt{29}$ m   C. 5 m   D. $(3+2\sqrt{2})$m

分析：先将图形展开，有三种展开方法，根据两点之间线段最短可计算最短距离。

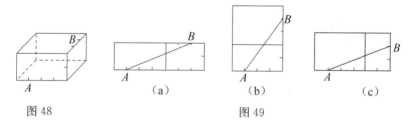

图 48   图 49

解：(1)将长方体展开，如图 49(a)所示，连接 A、B，根据两点之间线段最短，得 $AB=\sqrt{5^2+2^2}=\sqrt{29}$(cm)；

(2)将长方体展开，如图 49(b)所示，连接 A、B，则 $AB=\sqrt{3^2+4^2}=5$(m)$<\sqrt{29}$(m)。

(3)将长方体展开，如图 49(c)所示，连接 A、B，根据两点之间线段最短，得 $AB=\sqrt{5^2+2^2}=\sqrt{29}$(m)；

所以壁虎爬到蚊子处最短距离为 5 m。

例 6 如图 50，在一个长为 2 m、宽为 1 m 的矩形草地上，堆放着一根长方体的木块，它的棱与场地 AD 边平行，且棱长等于 AD，木块的正视图是边长为 0.2 m 的正方形，一只蚂蚁从点 A 处到达 C 处需要走的最短路程是多少？（精确到 0.01 m）

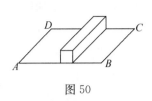

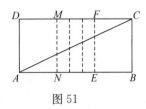

图 50　　　　　　　　　　　图 51

分析:解答此题要将木块展开,然后根据两点之间线段最短解答。

解:由图 51 可知,将木块展开,展开后图形的长相当于是 AB 的长度加 2 个正方形的宽,所以长为 $2+0.2×2=2.4$(m);宽为 1 m。

于是最短路径为 $\sqrt{2.4^2+1^2}=2.60$(m)。

例 7　如图 52 是一个三级台阶,它的每一级的长、宽和高分别等于 5 dm、3 dm 和 1 dm,A 和 B 是这个台阶的两个相对的端点,A 点上有一只蚂蚁,想到 B 点去吃可口的食物。请你想一想,这只蚂蚁从 A 点出发,沿着台阶面爬到 B 点,最少爬多少?

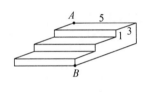

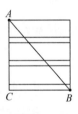

图 52　　　　　　　　　　　图 53

解:将台阶展开,如图 53。

因为 $AC=3×3+1×3=12$(dm),$BC=5$(dm)。

所以 $AB^2=AC^2+BC^2=169$。

所以 $AB=13$(dm)。

所以蚂蚁爬行的最短线路长为 13 dm。

答:蚂蚁爬行的最短线路长为 13 dm。

例 8　如图 54,长方体的底面边长分别为 2 cm 和 4 cm,高为 5 cm。若一只蚂蚁从 P 点开始经过 4 个侧面爬行一圈到达 Q 点,则蚂蚁爬行的最短路径长为多少?

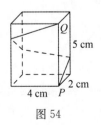

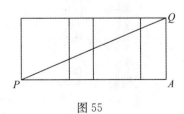

图 54　　　　　　　　　　　图 55

31

分析:如图 55 为长方体的侧面展开图,点 A 与点 P 是同一点。根据勾股定理可求 PQ 的长度。

解:因为 $PA=2\times(4+2)=12$(cm),$QA=5$(cm)。

所以 $PQ=13$(cm)。

答:蚂蚁爬行的最短路径长为 13 cm。

例 9 如图 56,一圆柱体的底面周长为 24 cm,高 AB 为 9 cm,BC 是上底面的直径。一只蚂蚁从点 A 出发,沿着圆柱的侧面爬行到点 C,则蚂蚁爬行的最短路程是多少?

图 56

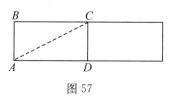
图 57

解:如图 57 所示:

由于圆柱体的底面周长为 24 cm,则 $AD=24\times\dfrac{1}{2}=12$(cm)。

又因为 $CD=AB=9$(cm)。

所以 $AC=\sqrt{12^2+9^2}=15$(cm)。

故蚂蚁从点 A 出发沿着圆柱体的表面爬行到点 C 的最短路程是 15 cm。

故答案为 15 cm。

例 10 葛藤是一种有趣的植物,它的"腰杆"不硬,为了争夺雨露阳光,常常绕着树干盘旋而上。它还有一手绝招,就是它绕树盘升的路线总是沿最短路线螺旋前进的。难道植物也懂数学?

我国古代有这样一个数学问题:"枯木一根直立地上,高二丈,周三尺,有葛藤自根缠绕而上,五周而达其顶,问葛藤之长几何?"

题意是:如图 58 所示,把枯木看作一个圆柱体,因一丈是十尺,则该圆柱的高为 20 尺,底面周长为 3 尺,有葛藤自点 A 处缠绕而上,绕五周后其末端恰好到达点 B 处,则问题中葛藤的最短长度是多少尺?

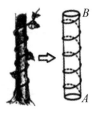
图 58

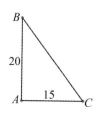
图 59

分析:这种立体图形求最短路径问题,可以展开转化成平面内的问题。本题展开后可转化为在直角三角形中已知直角边求斜边的问题,根据勾股定理可求出。

解:如图 59,一条直角边(即枯木的高)长 20 尺,另一条直角边长 $5 \times 3 = 15$ (尺),因此葛藤长为 25 尺。

故答案为 25 尺。

例 11 已知圆锥的母线长为 5 cm,圆锥的侧面展开图如图 60 所示,且 $\angle AOA_1 = 120°$,一只蚂蚁欲从圆锥的底面上的点 A 出发,沿圆锥侧面爬行一周回到点 A。则蚂蚁爬行的最短路程为多少?

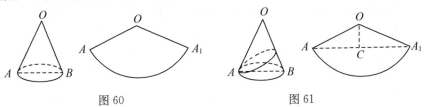

图 60　　　　　　　　　　图 61

解:如图 61,连接 AA_1,作 $OC \perp AA_1$ 于 C。

因为圆锥的母线长为 5 cm,$\angle AOA_1 = 120°$。

所以 $AA_1 = 2AC = 5\sqrt{3}$(cm)。

例 12 如图 62,一圆锥的底面半径为 2,母线 PB 的长为 6,D 为 PB 的中点。一只蚂蚁从点 A 出发,沿着圆锥的侧面爬行到点 D,则蚂蚁爬行的最短路程为多少?

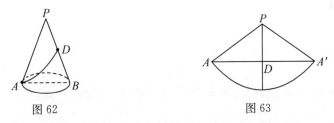

图 62　　　　　　　　　　图 63

解:如图 63,由题意知,底面圆的直径 $AB = 4$,故底面周长等于 4π。

设圆锥的侧面展开后的扇形圆心角为 n。

根据底面周长等于展开后扇形的弧长得 $4\pi = \dfrac{2n\pi \times 6}{360}$,解得 $n = 120°$。

所以展开图中 $\angle APD = 120° \div 2 = 60°$,根据勾股定理求得 $AD = 3\sqrt{3}$。

所以蚂蚁爬行的最短距离为 $3\sqrt{3}$。

例 13 如图 64,圆柱形玻璃杯高为 12 cm、底面周长为 18 cm,在杯内离杯底 4 cm 的点 C 处有一滴蜂蜜,此时一只蚂蚁正好在杯外壁离杯上沿 4 cm 与蜂蜜相

对的点 A 处,则蚂蚁到达蜂蜜的最短距离为多少?

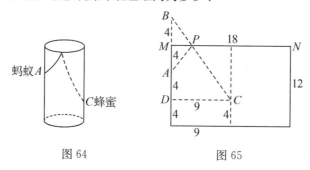

图 64　　　　　　　　　　　图 65

分析:如图 65,圆柱形玻璃杯展开(沿点 A 竖直剖开)后,侧面是一个长 18 cm、宽 12 cm 的矩形,作点 A 关于杯上沿 MN 的对称点 B,连接 BC 交 MN 于点 P,连接 AP,过点 C 作 AB 的垂线交剖开线 MA 于点 D。利用模型和三角形三边关系知 $AP+PC$ 为蚂蚁到达蜂蜜的最短距离,再结合勾股定理求解。

总之,当遇到蚂蚁在一个几何体的表面上爬行的问题时,通常情况下都会考虑将几何体展开成一个平面,运用勾股定理计算最短路程,也就是运用"化曲为平"或"化折为直"的思想来解决问题。

盒子中的小球

如图 66,在边长为 4 cm 的正方形内画一个最大的圆,再在这个正方形内画 16 个直径为 1 cm 的小圆,则大圆的面积与小圆的面积之和有什么关系? 答案显然是相等的。

把此题拓展一下,在边长为 a 的正方形内画一个最大的圆,再在该正方形内画 n^2 个直径为 $\dfrac{a}{n}$ 的小圆,则大圆的面积等于小圆的面积之和。

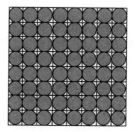

图 66

现在,我们由平面图形拓展到立体图形。

如图 67,找一个正方体的塑料盒子,只放入正好能装入盒子的一个篮球。将同样大小的塑料方盒放入乒乓球,一层一层叠放起来。若篮球的直径恰好是乒乓球直径的整数倍,问:哪个盒子里面放的球体体积大一些?

一个球体的体积,不论本身大小,都只能占据相应方盒空间的 52.3%。而放入乒乓球的盒子实际上是把方盒切割成了等量的小盒子,所以盒子里面球体的体积是一样的。

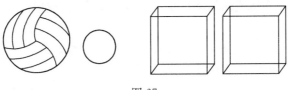

图 67

生活中的很多现象,不能仅仅靠我们的想象就得出结论,有时候需要严谨地推理和计算才能得出正确的答案。

有三个直角的三角形

我们知道,在平面内,一个三角形中只能有一个角是直角,那么你能画出三个角都是直角的三角形吗? 这在二维空间是无法解决的问题,可在三维空间中却可以迎刃而解。

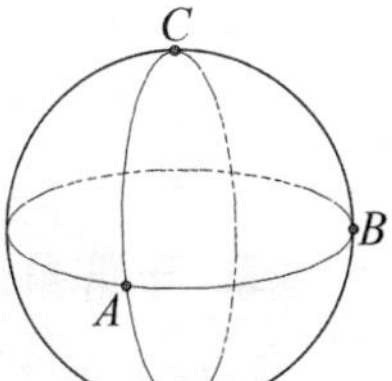

如图 68,取一个乒乓球,用黑色水彩笔先在乒乓球上 A 点处画一个直角,然后延长这个直角的一条边到 B 点,使弧 AB 的长等于乒乓球大圆周长的 $\frac{1}{4}$。再延长这个直角的另一条边到 C 点,使弧 AC 的长等于乒乓球大圆周长的 $\frac{1}{4}$,最后在圆周上连接弧 BC。这样,你会发现画出来的三角形 ABC 的三个角都是直角。

图 68

"维"是一种度量,长、宽、高便构成"三维空间"。三维即前后、上下、左右。三维的东西能够容纳二维。在三维空间坐标上加上时间,使时空互相联系,就构成四维时空。现在科学家认为整个宇宙是十一维的,只是人类的理解局限在三维。

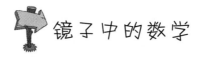

镜子中的数学

一、镜子中的像与物体的关系

我们知道,平面镜成像的特点是:正立的、等大的、虚像。具体我们分成以下四种情况:

(1)如图69(a),当镜面与图形垂直,且镜面在图形的正下方时,图形与它所成的像上下位置颠倒,左右位置不变。

(2)如图69(b),当镜面与图形垂直,且镜面在图形的正上方时,图形与它所成的像上下位置颠倒,左右位置不变。

(3)如图69(c),当镜面与图形平行,且镜面在图形的正前方(或正右方)时,图形与它所成的像左右位置颠倒,上下位置不变。

(4)如图69(d),当镜面与图形平行,且镜面在图形的正后方(或正左方)时,图形与它所成的像左右位置颠倒,上下位置不变。

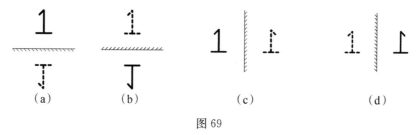

图 69

二、车牌号码在水中的倒影问题

物体在水中央的倒影与镜面在图形的正下方时的像完全相同,即物体与所成像的"左右位置不变,上下位置颠倒"。所以,车牌号码在水中的倒影与车牌号码成轴对称,因而,只要在一张薄纸上写出车牌号码,再将纸沿垂直方向翻转180°,所得到的物像就是原车牌号码在水中的倒影。

例1 一辆汽车的车牌号码是 M37698,则它在水中的倒影是(B)。

A. 869ZƐM   B. Ｍ37698(倒)   C. 86917ƐM   D. M37698

三、镜子中"钟表"的实际时间

例2 小明在镜子中看到的时钟的指针如图 70(a)所示,那么此时是什么时刻?

(a)　　　　　(b)　　　　　(c)　　　　　(d)

图 70

解法一:"反看正读法",如图 70(a),从题目纸的背面看图,再采用常规的读数方法,即可读出此时的时刻是 11:35。

解法二:"正看逆读法",如图 70(b),按逆时针方向读数,图上的数也按逆时针方向从小到大排列,也能直接读出 11:35。

解法三:"12 扣除法",如图 70(c),将时钟上的时间按常规读出后,再从 12 中减去这个时间,即用常规读得 0:25,则实际时间是 12:00－0:25＝11:35。

解法四:"对称法",如图 70(d),平面镜成像的特点之一是像与物体左右颠倒,分别作出时针和分针以过 6 点和 12 点的直线为对称轴的指针,从而得出该时刻的时间为 11:35。

金字塔中的数学

宏伟的金字塔是世界上最古老的建筑之一,矗立几千年不倒,许多科学家都被它别致的设计、精巧的建筑工艺所吸引,其示意图如图 71。据对最大的胡夫金字塔的测算,它原高 146.5 m(因损坏现高 137 m),基底正方形的边长为 233 m(现为 227 m)。但是,各底边长度的误差仅仅是 1.6 cm,只是全长的 $\frac{1}{14600}$。

图 71

此外,金字塔的四个面朝向东南西北,底面正方形两边与正北的偏差,也分别只有 $2'30''$ 和 $5'30''$。

如此精确的建筑在今天也不多见,由此可知,古埃及人已掌握了丰富的几何知识,他们已经可以计算长方形、三角形和梯形的面积以及长方体、圆柱体、棱台的体积,结果与现代计算值非常相近。

据说木乃伊之所以数千年不腐得益于高超的防腐技术,不过也有人提出这与重心有关。埃及人坚信金字塔的重心可吸收宇宙的能量,所以把法老的木乃伊埋在了这里。据说在金字塔重心位置放上锈蚀的剃须刀片后,锈迹竟会奇迹般地消失。

埃及金字塔底面为正方形,斜面是四个三角形,底面与斜面形成的角度为51°52′,得出如此复杂的角度是因为金字塔高度和底面的正四边形边长事先已经被确定了下来。金字塔的高度为146 m,底面是边长为230 m的正四边形。如果正四边形周长(4×230 m)除以高度(146 m)的话,则结果近似圆周率 π 的2倍,这与从赤道测得的地球周长(2πr)除以地球半径 r 所得值几乎一致。针对金字塔还有另一种解释:如果将干燥的沙子堆放起来的话,堆到一定高度会无法继续堆上去,而此时底面与斜面形成的角度恰好为51°52′。从中或许可以得出这样一个结论:金字塔底面与斜面形成的角度遵循了自然法则。

不过符合实际的解释更令人信服。当时,人们是将从棕榈树或亚麻中提取出来的纤维做成绳子来测量距离,这种绳子一绷紧很容易被拉长,致使测量的距离不是很准确。为此,埃及人便利用事先知道半径的圆盘来确定金字塔的高度和底面的边长。将圆盘直径的2倍确定为金字塔的高度,圆盘周长为金字塔底面的一边长,这样就会出现上面提到的那个比例。

有了数学知识支撑,古埃及人能建成如此雄伟、壮观的金字塔也就不足为奇了,它给世界历史留下了十分辉煌的一页。

兔子繁殖问题

若一对成年兔子每个月恰好生下一对兔子(一雌一雄),小兔子经过一个月长成成年兔子,有生育能力。在年初时,只有一对小兔子。在第一个月结束时,它们成长为成年兔子,在第二个月结束时,这对成年兔子将生下一对小兔子。假设这种成长与繁殖的过程会一直持续下去,并假设生下的小兔子都活着,那么一年之后共有多少对兔子?

繁殖的过程可以用一棵"兔子树"来表示,如图72所示。

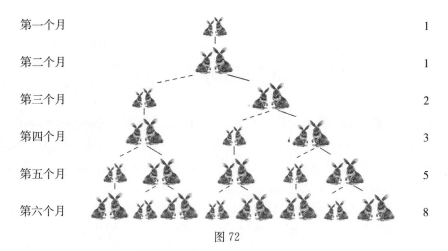

第一个月		1
第二个月		1
第三个月		2
第四个月		3
第五个月		5
第六个月		8

图 72

让我们来推算一下在第五个月结束时兔子的总数：

第 1 个月：只有 1 对兔子；

第 2 个月：兔子没有长成，仍然只有 1 对兔子；

第 3 个月：这对兔子生了 1 对小兔子，这时共有 2 对兔子；

第 4 个月：老兔子又生了 1 对小兔子，而上个月出生的兔子还未成熟，这时共有 3 对兔子；

第 5 个月：这时已有 2 对兔子可以生殖，于是生了 2 对兔子，这时共有 5 对兔子。

如此推算下去，我们不难得出下面的结果（如表 2 所示）：

表 2

| 月份数 | 1 | 2 | 3 | 4 | 5 | 6 | 7 | 8 | 9 | 10 | 11 | 12 | 13 | ⋯ |
| 兔子数/对 | 1 | 1 | 2 | 3 | 5 | 8 | 13 | 21 | 34 | 55 | 89 | 144 | 233 | ⋯ |

从表中可知，一年后（第 13 个月时）共有 233 对兔子。这就是说，在短短的一年时间，一对兔子就能自由地繁殖成 233 对兔子，这是多么惊人的繁衍速度啊！从这个规律看，难怪野兔会成灾了！

这就是著名的兔子问题，由意大利数学家列昂纳多·斐波那契最初发现并研究，并在《计算之书》中提出了这个有趣的问题。

图 73

神奇的斐波那契数列

斐波那契数列的发明者是意大利数学家列昂纳多·斐波那契(Leonardo Fibonacci),他生于公元 1170 年,卒于 1250 年,籍贯是比萨。他被人称作"比萨的列昂纳多"。1202 年,他撰写了《计算之书》(Liber Abaci)一书。他是第一个研究了印度和阿拉伯数学理论的欧洲人。

斐波那契数列以兔子繁殖为例子引入,因此又称为"兔子数列":1,1,2,3,5,8,13,21,34,55,89,144,233,377…特点:(1)从第 3 个数起,每个数都是前 2 个数之和。(2)从第 3 个数开始,每隔 2 个数必是 2 的倍数;从第 4 个数开始,每隔 3 个数必是 3 的倍数;从第 5 个数开始,每隔 4 个数必是 5 的倍数……(3)该数列从 15 个数后,相邻两项的比值无限趋向于黄金比例 0.618。正因为数列的这些内在规律,受到了数学家及其他领域学者的青睐。

斐波那契数列的有趣之处在于它的通项公式:

$$f(n) = \frac{1}{\sqrt{5}}\left[\left(\frac{1+\sqrt{5}}{2}\right)^n - \left(\frac{1-\sqrt{5}}{2}\right)^n\right]$$

一个整数序列的通项公式竟然用无理数表达,更重要的是,这个无理数很特别。斐波那契数列的前一项和后一项之比无限接近一个数:黄金分割数,即 0.618。不信可以试几个:$1 \div 1 = 1$,$1 \div 2 = 0.5$,$2 \div 3 = 0.666\cdots$,$3 \div 5 = 0.6$,$5 \div 8 = 0.625$,$55 \div 89 = 0.61797752809\cdots$,$144 \div 233 = 0.61802575107\cdots$,$233 \div 377 = 0.61803713528\cdots$,这个结论以后可以证明。

一、斐波那契矩形

将斐波那契数列 1,1,2,3,5,8,13,21…的每一个数字,作为正方形的边长,求出正方形的面积。按图 74 所示的方式顺时针方向排列,就构成一个斐波那契矩形。

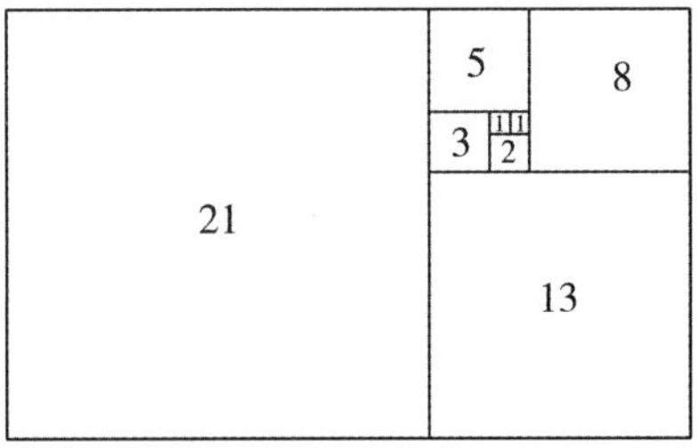

图 74

二、斐波那契螺旋线

如图 75,在上述斐波那契矩形的基础上,在每一个正方形内,以正方形的一个顶点为圆心、以正方形的边长为半径绘制一个 $\frac{1}{4}$ 圆,就构成了斐波那契螺旋线。这一螺旋是黄金螺旋的最佳近似。

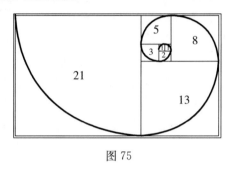

图 75

三、斐波那契数列的应用

斐波那契数列不但在艺术设计方面有很多应用,而且在自然科学的其他分支也到处都有它的身影。例如,树木的生长过程中也体现了斐波那契数列。由于新生的枝条往往需要一段"休息"时间供自身生长,而后才能萌发新枝。所以,一株树苗在一段间隔(例如一年)以后长出一条新枝;第二年新枝"休息",老枝依旧萌发;此后,老枝与"休息"过一年的枝同时萌发,当年生的新枝则次年"休息"。这样,一株树木各个年份的枝丫数便构成斐波那契数列,这个规律就是生物学上著名的"鲁德维格定律"。

完美的黄金分割点

自然界有一个奇妙的小数,那就是黄金分割数——0.618。千百年来,无数人痴迷于它,不仅仅是数学家,还有艺术家、美学家、建筑师等都在追随着它。

完美的黄金分割点,在初中教材中是这样求解的。

如图 76,在线段 AB 上,若要找出黄金分割的位置,可以设分割点为 G,则点 G 的位置符合以下特性:$AB:AG=AG:GB$。

图 76

设 $AB=1,AG=x$。

则 $1:x=x:(1-x)$，即 $x^2=1-x$。

解得 $x=\dfrac{\sqrt{5}-1}{2}\approx0.618$。

黄金分割点是古希腊的著名哲学家、数学家毕达哥拉斯发现的，距今已经有2000多年的历史了。这个被后人奉为科学和美学的金科玉律的黄金分割率，在众多领域中都有应用，并散发着它无穷的魅力和神奇的气息。

在自然界、艺术品以及建筑学等领域也有很多黄金分割的例子。无论是中国故宫、古希腊帕特农神殿、古埃及胡夫金字塔、印度泰姬陵、法国巴黎圣母院这些著名的古代建筑，还是我们生活中的方方面面，都有意无意地运用了黄金分割的法则，都有与 0.618 有关的数据，给人以整体上的和谐与悦目之美。如：中国的国旗宽与长的比约为 0.66，接近黄金分割比 0.618，每个五角星上有五个黄金分割点。上海东方明珠电视塔高 468 m，上面球体的高度为 289.2 m，是塔身的黄金分割点。

黄金分割点就像它的名字一样，是一笔神秘而又美丽的宝藏。

这个神秘的数字在人体上也有体现，达·芬奇的《维特鲁威人》中对于人体中的十八处符合黄金分割比的地方进行了详细地分析。人的身高与头到肚脐的高度的比恰恰就是 1:0.618，心脏中心也位于胸腔的黄金分割点上，眼睛在脸部的黄金分割点上，整个脊柱高度的 0.618 是胸与腰的分界处，从肩到中指指尖的0.618 是肘关节，肘关节到中指指尖的 0.618 处又是腕关节，从膝盖到足尖的0.618 是踝关节，就连女生爱穿高跟鞋都是它的体现。

主持人在报幕时，站在舞台的黄金分割点处，效果最佳。摄影师将摄影主体放在位于画面大约 $\dfrac{1}{3}$ 处，会让人觉得画面和谐、充满美感。

黄金分割点与战争也有着不解之缘，它体现在武器和战争布阵上，很多兵器都是按照黄金分割点制造的，这不仅仅是偶然。如果将一个个偶然联系起来，就会发现，它是具有普遍性的。一代天骄成吉思汗就在运用黄金分割点排兵布阵、指挥战斗上屡试不爽。

从古到今，黄金分割点总能带给我们无限的惊喜与迷惑，这也正是它的魅力所在。它无处不在、引人入胜，却又让人难以琢磨。

黄金分割点的存在似乎是个极大的巧合，它总是出现在让人意想不到却又至关重要的位置，它的存在为大自然增添了一抹神秘而又令人诧异的色彩。

黄金分割与斐波那契螺旋线

公元前 4 世纪,古希腊数学家欧多克索斯第一个系统研究了黄金分割的问题,他认为所谓黄金分割,指的是把长为 L 的线段分为两部分,使其中一部分对于全部之比等于另一部分对于该部分之比。而计算黄金分割最简单的方法,就是计算斐波那契数列 1,1,2,3,5,8,13,21,…从第二位起相邻两数之比。

人们发现,按 0.618∶1 的比例画出的画最优美,达·芬奇的作品《蒙娜丽莎》和《最后的晚餐》都运用了黄金分割。而现今的女性,腰身以下的长度平均只占身高的 0.58,因此古希腊的著名雕像断臂维纳斯及太阳神阿波罗都通过故意延长双腿的方法,使之与身高的比值为 0.618。建筑师们对数字 0.618 特别偏爱,无论是古埃及的金字塔,还是巴黎圣母院,或者是近世纪的法国埃菲尔铁塔、希腊雅典的帕特农神殿,都有黄金分割的足迹。

斐波那契螺旋线是黄金螺旋的最佳近似。神奇的是,大自然中,小到动植物、大到星云,都呈现出这一螺旋,如图 77 所示。这一神秘的数字,把看似毫不相干的事物完美地串在了一起。

图 77

贝类的螺旋轮廓线显示了其生长过程的积淀方式,它是以黄金分割比例形成的对数螺旋线,它们被认为是最完美的生长方式。贝类的这些成长方式,已经成为许多科学研究与艺术研究的课题。鹦鹉螺的螺旋线生长方式如图 78 所示,绘画中的螺旋线如图 79 所示。

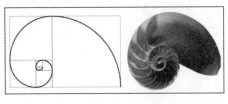

图 78   图 79

松果和向日葵的种子都是沿着两个反向旋转的交叉螺旋线生长的,而且每颗种子都同时属于这两种交叉的螺旋线。

如图80,松果有8条顺时针方向的螺旋线,13条逆时针方向的螺旋线,这个比例非常接近于黄金分割率。

图 80

我们再来观察向日葵花盘,虽然有大有小、不尽相同,但花盘上的种子排列的方式是一种典型的数学模式。如图81,不难发现花盘上有两组螺旋线,一组顺时针方向盘绕,另一组则逆时针方向盘绕,并且彼此相连。尽管在不同品种的向日葵中,种子排列的顺时针、逆时针方向和螺旋线的数量有所不同,但一般不会超出21 和 34、34 和 55、55 和 89 或者 89 和 144 这四组数字。这每组数字就是斐波那契数列中相邻的两个数,前一个数字是顺时针盘绕的线数,后一个数字是逆时针盘绕的线数,真是太精彩了。正因为选择了这种数学模式,花盘上种子的分布才最多,花盘也变得最坚固壮实。

 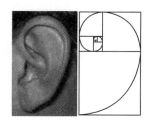

图 81　　　　　　　　　　图 82

你知道吗? 在我们的身上,也存在着有关螺旋线的秘密,看看人的耳朵,如图82所示。你看,大自然是多么的神奇!

 五角星的作法

用量角器、圆规、刻度尺等工具画一个正五边形比较容易,而只用直尺和圆规作一个正五边形则比较复杂。下面我们先作出正五边形,再进一步作出五角星。

(1)任作一圆 O。

(2)任作圆 O 中互相垂直的两直径 AB、CD。

(3)作 OD 的垂直平分线交 OD 于 E。

(4)以 E 为圆心、以 EA 的长为半径作弧,交 CD 于 F。

(5)在圆 O 上顺序作弦 $AG = GH = HM = MN = NA = AF$。

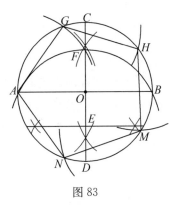

则五边形 $AGHMN$ 为所求作的正五边形,如图 83 所示。

图 83

连接 AM、AH、NG、NH、MG,则可得五角星。

世界三大几何作图难题

平面几何作图要求只能用直尺和圆规,而这里所谓的直尺是指没有刻度、只能画直线的尺。用直尺和圆规当然可以作出许多图形,但并不是所有的图形都能作出来,如正七边形。有些问题看起来好像很简单,可是解决起来却很困难,这些问题之中最有名的就是所谓的古希腊三大几何问题。

一、三等分角问题

三等分角问题即将任意一个角进行三等分。1837 年,法国数学家旺策尔第一个证明了三等分角问题是尺规作图不可能解决的问题。对等分角问题的深入研究引发了许多作图方法的发现及作图工具的发明。

二、倍立方体问题

倍立方体问题即求作一个立方体,使其体积是已知立方体的两倍。该问题起源于两千年前的希腊神话传说:一种说法是鼠疫袭击提洛岛(爱琴海上的一个小岛),一个预言者宣称已得到神的谕示,须将立方体的阿波罗祭坛的体积加倍,瘟疫方能停息;另一个说法是克里特王米诺斯为儿子修坟,要体积加倍,但仍保持立方体的形状。

这两个传说都表明倍立方体问题起源于建筑的需要。1837 年,法国数学家旺策尔证明了倍立方体问题是尺规作图不可能解决的问题。对倍立方体问题的研究促进了圆锥曲线理论的建立和发展。

三、化圆为方问题

化圆为方问题即求作一个正方形，使其面积等于一个已知圆的面积。这是历史上最能引起人们兴趣的问题之一，早在公元前 5 世纪就有许许多多的人研究它。希腊语中甚至有一个专门名词表示"献身于化圆为方问题"。1882 年，德国数学家林德曼证明了化圆为方问题是尺规作图不可能解决的问题，从而解决了 2000 多年的悬案。

拱——数学在建筑中的应用

拱是建筑上一个出色的成就。多少世纪以来，拱曾经有过许多数学曲线的形状（例如圆、椭圆、抛物线、悬链线），从而形成半圆形拱、桃尖拱、抛物线拱、椭圆拱、等边拱、弓形拱、对角斜拱、上心拱、横拱、马蹄形拱、三叶形拱、凯旋门拱、减压拱、三角形拱、半拱、横隔拱、实拱或伪拱。

图 84

实质上，拱是建筑上跨越空间的方法。拱的性质使压力可以比较均匀地通体分布，从而避免集中在中央，图 84 和图 85 为拱结构的示意图。

在发明和利用拱之前，建筑结构依靠的是柱和梁，罗马建筑师们最先广泛应用并发展半圆形拱。除了拱以外，他们还发现并利用混凝土和砖，于是发生了建筑革命。有了拱、拱顶和圆顶，罗马人就能够取消横梁和内柱。拱使他们可以把结构的重量重新安置在较少而且较结实的支撑物上，结果内部空间就宽敞了。在拱发明之前，结构必须在里面和外面都横跨在柱上，柱间距离必须仔细计算，以防横梁在过大的压力下折断。

很久很久以前，建筑师们就开始不再只使用圆形拱，而尝试使用其他形状的拱，起先是用椭圆（或卵形）拱，后来用尖顶拱，这样一来，结构变高了，使建筑物的光照更好、空间更大。拱的形状决定着结构的哪些部分承受重量，半圆形罗马拱的载重由墙承担，而哥特式尖顶拱的载

图 85

重则经过拱传到建筑物墙壁的外部,使它可以用较高的顶棚。

拱和所有建筑思想一样,它的概念和用途还在发展中。随着新型建筑材料的发明和利用,建筑师可以把许多数学曲线和形状结合起来,用在他们的设计中。

迷人的分形

传统的几何学认为,有形状的东西都应该是可以测量的。比如,用尺子测量出一块长方形地面的长和宽,就能得到其周长;一条高速公路的长度我们也可以测出来。以此类推,海岸线虽然曲曲折折,但其长度同样也应当是可以测量的。然而,1967 年,数学家曼德布劳特在《科学》杂志上发表了一篇学术文章《英国的海岸线有多长?》,曼德布劳特认为:英国海岸线的长度是无法精确测量的!

大家都知道,由于海水的冲击和陆地的变迁,海岸线一般都曲曲折折,呈现出不规则的形状。海岸线由无数的曲线组成,假设我们用一把固定长度的直尺(比如米尺)测量的话,海岸线上两点间小于一米的曲线,只能用直线来近似地表示,因此,测得的长度肯定是不精确的。即使用更短的尺子来量,情况还是会如此。

曼德布劳特发现不同海岸线之间几乎具有同样程度的不规则性和复杂性,提出海岸线在形态上是极相似的。这种几何对象的一个局部放大后与其整体相似的性质就被叫作自相似性,具有自相似性的物质和现象广泛存在于自然界中,比如连绵的山川、飘浮的云朵、布朗运动的粒子、树冠、人的脑细胞……

曼德布劳特把这种看似不规则,但具有自我相似性的图形称为 Fractal(分形),图 86 所示为几种分形。

草叶　　　　　　雪花　　　　　　勾股树

图 86

其实,早在 19 世纪的时候,分形就已经被数学家们注意到了,但分形没有任何可靠的形状,既不是三角形、长方形,也不是直线、抛物线。数学家们无法把分形归入当时的数学模型。

对于一直信奉"数学可以解释宇宙万物"的数学家们来说,这简直是当头一棒。为了维护数学的完美性,数学家拒绝承认分形,认为分形是自然界的"怪物",甚至"根本是不存在的"。

曼德布劳特之后,数学家们发现,分形并非不可解释和研究,只是数学还不够完美而已。现在的研究发现,分形只是不符合传统的欧几里得几何学的规则,但可以纳入非线性科学中加以研究。

我们生活中许许多多事物都属于分形,如:手上的指纹、巍峨壮丽的山脉、曲曲折折的河流、熊熊燃烧的火焰、遍布人体全身的血管、百年老树的根须、蓝天中游荡的团团白云等,图87即为现实中的分形。这些事物都有一个共同的特征:虽然看起来很不规则,但局部的结构放大后,与整体的形状非常相似。

分形是20世纪涌现出的数学思想的新发展,是人类对维数、点集等概念理解的深化与推广,也是非线性科学的前沿和重要分支。它与现实的物理世界也紧密相连,一出现就成为研究混沌现象的重要工具。

图87

涉及分形的领域现在已经包括生命生态系统、过程进化、数字编码、动力系统、理论物理(如流体力学和湍流)等。有一些科学家认为分形几何有助于他们理解被观察的正常活细胞的结构和组成癌组织的病细胞的结构,还有人利用分形学进行城市规划和地震预报。这可能就是分形如此迷人的原因吧。

水立方中蕴含的数学秘密

"水立方"是现代建筑的杰作,也是科技与艺术结合的典范,可是你知道吗,水立方涉及一个著名的数学猜想——开尔文问题。

1887年,受比利时物理学家普拉托的泡沫研究的启发,当时正在思考以太问题的英国著名物理学家开尔文勋爵提出了著名的"开尔文问题":如果将三维空间划分为一个个给定相同体积的空腔,为保证它们的接触面积(也就是表面积)最小,这些空腔应该是什么形状?

开尔文给出的答案是"截角八面体",就是将正八面体的6个角截去,所得到的一个十四面体。开尔文猜想即单位体积的截角八面体具有能填充空间且表面积最小的性质。100多年来,这个猜想始终未得到证实或否定。同样的问题放在二维平面上,就是我们都很熟悉的蜂房:每一个蜂室都呈六角形,这样最节省蜂蜡,这也是蜜蜂在漫长进化中做出的最优选择。不过,即使是这个看上去显得颇为直观的"蜂巢猜想",也折腾了数学家不知多少年,有人认为甚至古希腊数学家帕普斯也研究过这一问题。"蜂巢猜想"直到 1999 年才被美国数学家黑尔斯解决:如果把平面划分成无数块,每块都具有相同的给定面积,则这些块的周长达到最小只有一种可能,即每块都是正六边形。

三维空间无疑复杂得多。1993 年,爱尔兰的两位物理学教授威尔和弗兰受到一种被称为"笼结构"的物质的启发,终于得到了超越开尔文的方案。1994 年,他们发表了这一结果:采用十四面体(与开尔文的十四面体不同)与十二面体(不是正多面体)的组合,其接触表面积比开尔文结构要减少 3% 左右。虽然人们不知道威尔和弗兰的方案是不是最佳方案,但是这个方案能够超越开尔文方案已经相当不错了。

2003 年,澳大利亚 ARUP 公司的工程师卡夫雷偶然看到办公室里挂着的几幅几何图形,大受启发,并因此绘制了用于 2008 年北京奥运会的、极具个性的"水立方"设计雏形。建成后的"水立方"采用的正是威尔-弗兰模型,是 75% 的十四面体和 25% 的十二面体的组合,为保证整个外观仍是长方体,大约 100 个"多面体"被切断。整个建筑仅用 6700 多吨钢,建筑空间能够容纳上万名观众。它外立面中的多面体在夜幕中散发着晶莹的蓝光,是一座数学与建筑完美结合的奇迹。

会数学的花与草

一、植物与"斐波那契数列"

科学家们在观察和研究中发现,无论是植物的叶子,还是花瓣、果实,它们的数目都和斐波那契数列有着惊人的联系。

你知道桃树叶子的排列有什么规律吗? 5 片桃树叶从起点至终点的螺旋线上绕树枝两周,在这两周的螺旋空间里,5 片桃树叶严格地按斐波那契数列排列。此外,桃花、梅花、李花、樱花的花瓣数目都是 5 片,也都是依照这个规律排列。植物的果实和种子也不例外,如果仔细观察,就会发现在菠萝的表层向左旋转的圆有 13 圈,向右转的圆有 8 圈。是不是很神奇呢! 桃树叶、桃花、菠萝如图 88所示。

桃树叶　　　　　　　桃花　　　　　　　菠萝

图88

二、植物中的"黄金比率"

在树木、绿叶、红花、硕果中,都能遇上0.618这个"黄金比率"。一棵小树如果始终保持着幼时增高和长粗的比例,那么最终会因为自己的"细高个子"而倒下。为了能在大自然的风霜雨雪中生存下来,它选择了长高和长粗的最佳比例,即"黄金比率"0.618。在小麦或水稻的茎节上,可以看到其相邻两节的长度比值为0.618,体现了"黄金比率"。

苹果也同样含有"黄金比率"。如果用小刀沿着水平方向把苹果拦腰横切开来,便能在横切面上清晰地看到呈五角星形排列的内核。在将5粒核编好A、B、C、D、E 的序号后,就可以发现核 A 尖端与核 B 尖端之间的距离和核 A 尖端与核 C 尖端之间的距离之比,也是"黄金比率",即0.618。

三、奇妙的137.5°

137.5°有何奇妙之处呢? 如果我们用黄金分割率0.618来划分360°的圆周,所得角度约等于222.5°。而在整个圆周内,与222.5°角相对的角就是137.5°。所以137.5°角是圆的黄金分割角,也叫"黄金角"。经科学家实验证明,植物之所以会按照"黄金角"——137.5°排列它们的叶子或果实,是地球磁场对植物长期影响而造成的。

1979年,英国科学家沃格尔用计算机模拟向日葵果实的排列方法。结果发现,若向日葵果实排列的发散角为137.3°,那花盘上的果实就会出现间隙,且只能看到一组顺时针方向的螺旋线;若发散角为137.6°,花盘上的果实也会出现间隙,会看到一组逆时针方向的螺旋线;只有当发散角等于137.5°时,花盘上的果实才呈现彼此紧密嵌合、没有缝隙的两组反向螺旋线。这个统计结果显示,只有选择137.5°的发散角排列模式,向日葵花盘上的果实排列才最紧密和最匀称。

车前草是我们最熟悉的植物之一,如图89所示,它的叶片间的夹角也恰好是

137.5°,根据这一角度排列的叶片能巧妙镶嵌但不互相覆盖,构成植物采光面积最大的排列方式。科学家观察发现,按照 137.5°的排列模式,叶子可以占有最多的空间、吸收最多的阳光、获取最多的雨水,有效地提高了植物光合作用和吸收土壤中养料的效率。

图89

此外,许许多多的植物的叶片、枝头或花瓣,也都是按"黄金比率"分布的。我们从植物的上部向下看,会看到这样一种很有规律的现象:任意相邻的两个叶片、枝头或花瓣都沿着大约 222.5°和 137.5°这两个角度伸展。这样一来,尽管它们不断轮生,却互不重叠,确保了通风、采光和排列密度兼顾的最佳效果。像一些蔬菜的叶子、玫瑰花瓣等,以茎为中心,绕着它螺旋向上生长,相邻的两片叶子或两朵花瓣所指方向的夹角与该夹角和圆周角 360°的差之比正好是 0.618。

如今,建筑师们已参照车前草叶片排列的 137.5°模式,设计出新颖的"黄金角"高楼,以达到每个房间最佳采光、最佳通风的效果。其示意图如图 90。

图90

四、美妙的"曲线方程"

笛卡尔是法国 17 世纪著名的数学家,他在研究了一簇花瓣和叶子的曲线特征之后,列出了"$x^2+y^2-3axy=0$"的曲线方程式,准确形象地揭示了植物叶子和花朵的形态所包含的数学规律性。这个曲线方程取名为"笛卡尔叶线",又称作"茉莉花瓣曲线"。如果将参数 a 的值加以变换,便可描绘出不同叶子或者花瓣的外形图。

科学家在对三叶草、垂柳、睡莲、常青藤等植物进行了认真观察和研究之后,发现植物之所以拥有优美的造型,是因为它们和特定的"曲线方程"有着密切的关系。例如:花瓣对称排列在花托边缘,整个花朵近乎完美地呈现出辐射对称形状;叶子有规律地沿着植物的茎杆相互叠起;种子或呈圆形、或似针刺、或如伞状等。其中用来描绘花叶外孢轮廓的曲线叫作"玫瑰形线",植物的螺旋状缠绕茎称为"生命螺旋线"。

看看螺旋芦荟(如图 91)的风采,许多叶子紧密地按顺时针或逆时针方向螺旋,排列成一个均匀的圆形,真是自然界的数学高手!

图91

图 92

美丽的大丽菊（如图 92）的层层叠叠的花瓣叠成球形，就连花苞也是整齐对称的，就像是机器加工的一样，可谓巧夺天工。

再看看精致的球兰（如图93），聚花序成伞状，花朵紧蹙，高贵典雅，就连每一朵花瓣都是呈几何分布的，从正面看还是一个球形呢。

图 93

图 94

你见过球囊堇菜（如图 94）吗，它是一个魅力四射的花环，它花叶间生，美不胜收。

最后看看半边莲（如图 95），它以中间花苞为轴，层层环绕展开，比手工描绘的还准确。

图 95

我们常用"鬼斧神工"来形容大自然，花草、树木千姿百态，各有奇特的模样。但是它们却和生活息息相关，为生活创造出别具一格的美！甚至他们各自有着自己不同的计算公式，让我们走进大自然，去发现美、享受美吧！

动物中的"数学家"

数学虽然是人类创造的一个学科。但是有许许多多的动物也"精通数学"，你认识它们吗？现在，让我带你一起去见一见动物中的"数学家"。

一、"天才设计师"——蜜蜂

你知道蜜蜂怎样交谈吗？每天上午，当太阳升到与地平线成30°时，蜜蜂中的"侦察员"就会肩负重托去侦察蜜源。回来后，用其特有的"舞蹈语言"向伙伴们报告花蜜的方位、距离和数量。如果在距巢 60 m 以内的地方找到蜜源，"侦察员"返巢后便在巢房的垂直面完成一种"圆舞"动作。如果在较远的地方发现了食物，它便改用更复杂的"8 字舞"来通知其他工蜂。在连接 8 字两环的那部分路线舞蹈时,蜜蜂还迅速地摆动着尾部,所以又叫"摆尾舞"。蜜源的距离不同,在一定时间内完成的舞蹈次数也不一样:距巢 100 m 以上的,15 秒内重复"8 字舞"近 10 次;距巢 800 m 时,在同一时间内,蜜蜂充其量只完成一次舞蹈。同时,花蜜越甜,在跳舞时腹部摆动次数越多。这样,蜜蜂就完成了彼此间的交流,紧跟其后的工蜂便知蜜源的距离和质量了。

蜜蜂还会合理地分工,蜂王是计算高手,每次派出去的工蜂不多不少,恰好都能吃饱,保证回巢酿蜜,令人啧啧称奇。

此外,蜜蜂还是"建造师",工蜂建造的蜂巢也十分奇妙,它是严格的六角柱体,如图 96 所示。它的一端是六角形开口,另一端则是封闭的六角棱锥体的底,由三个相同的菱形组成。18 世纪初,法国学者马拉尔奇曾经专门测量过大量蜂巢的尺寸,令他感到十分惊讶的是,这些组成蜂巢底盘的菱形的所有钝角都

图 96

是 109°28′,所有的锐角都是 70°32′。后来经过法国数学家克尼格和苏格兰数学家马克洛林从理论上的计算,如果要消耗最少的材料来制成最大的菱形容器,所需角度正是这个角度。从这个意义上说,蜜蜂称得上是"天才的数学家兼设计师"。

数学家华罗庚对蜂房做过十分形象的描绘:如果把蜜蜂看成是人体的大小,蜂箱就是一个面积为二十公顷的密集市镇。当一道微弱的光线从这个市镇的一边射来时,人们可以看到一排排五十层高的建筑物。在每一排建筑物上,整整齐齐地排列着薄墙围成的成千上万个正六角形的蜂房。

堪称动物界计算高手的,还有蚂蚁。英国科学家亨斯顿做过一个有趣的实验。他把一只死蚱蜢切成三块,第二块比第一块大一倍,第三块比第二块大一倍。在蚁群发现这三块食物 40 分钟后,聚集在最小一块蚱蜢处的蚂蚁有 28 只,第二块有 44 只,第三块有 89 只,后一组差不多都较前一组多一倍。看来蚂蚁的乘、除法算得还真是相当不错。蚂蚁还是几何大师,蚂蚁们在寻找食物时,总是能够找到通往食物的最短路线,它们居然懂得:两点之间,线段最短。

二、丹顶鹤与"人"字形

你知道丹顶鹤每年是如何迁徙的吗? 生活在黑龙江省扎龙自然保护区的丹顶鹤在每年冬季到来之前,都要排成"人"字形向南方迁徙,如图 97 所示。"人"字形的角度永远是 110°左右,以这种方式飞行要比单独飞行多出 12%的距离,飞行的速度是单独飞行的 1.73

图 97

倍。而"人"字夹角的一半,即每边与丹顶鹤群前进方向的夹角为54°44′08″,这与世界上最坚硬的金刚石晶体的角度是相同的。这是巧合还是大自然的某种"契合"?

三、珊瑚虫的"日历"

珊瑚虫是动物界的"天文学家",它能在自己身上奇妙地记下"日历":每年在自己的体壁上"刻画"出365条环形纹,显然是一天"画"一条。一些古生物学家发现,3.5亿年前的珊瑚虫每年所"画"出的环形纹是400条。天文学家告诉我们,当时地球上的一天只有21.9小时,也就是说当时的一年不是365天,而是400天。可见珊瑚虫能根据天象的变化来"计算"并"记载"一年的时间,其结果还相当准确。珊瑚虫如图98所示。

图98

四、猫和蜘蛛都是"几何专家"

猫的立体几何知识非常好,在寒冷的冬天,猫睡觉时总要把身体抱成一个球形,因为球形使身体的表面积最小,这样,身体露在冷空气中的表面积最小,散发的热量也最少,所以就不怕冷了。

蜘蛛是解析几何的"导师",它结的"八卦"网,不但结构复杂而且非常结实,由中心向外辐射的两条相邻的蛛丝,都是彼此近似于平行的,如图99所示。此外,每一条横向蛛丝,与主要辐射向外的蛛丝相交所成的角度都相等。即使木工师傅用直尺和圆规也难画得如蜘蛛网那样匀称。当对这个美丽的结构用数学方法进行分析时,出现在蜘蛛网上的概念真是惊人——半径、弦、平行线段、全等三角形、对应角、对数螺线、悬链线和超越线,有机会可要仔细观察一下哟。

图99

壁虎在捕食蚊、蝇、蛾等小昆虫时,总沿着一条螺旋形曲线爬行,数学上称这条曲线为"螺旋线",如果把这条螺旋线在一个平面上展开,用一条线连接起点和终点,也符合两点之间线段最短这个基本事实呢!

图100

如图100,切叶蜂是"模具专家",它用大颚剪下的每片圆形叶片,像模子冲出来的似的,大小完全一样。

"瞎子"鼹鼠在地下挖掘隧道时,总是沿着90°转弯。

蛇在爬行时,走的是一个正弦函数图形,要知道正弦函数可是高中才能学到的呢。它的脊椎像火车一样，是一节一节连接起来的，节与节之间有较大的活动余地。如果把每一节的平面坐标固定下来，并以开始点为坐标原点，就会发现蛇是按着 30°、60° 和 90° 的正弦函数曲线有规律地运动的。

五、会数数的黑猩猩

美国有只黑猩猩，每次吃 10 根香蕉。有一次，科学家在黑猩猩的食物箱里只放了 8 根香蕉，黑猩猩吃完后，不肯离去，不停地在食物箱里翻找。科学家再给它 1 根，它吃完后仍不肯走开，一直到吃够 10 根才离开。看来黑猩猩会数数，至少能数到 10。

数学之美

当你漫步在文学的天地，欣赏着那"海上生明月，天涯共此时"的绝妙诗句时，会感受到文学带给你的"美"；当你徜徉在音乐的殿堂，聆听优美动听的乐曲时，你会体会到音乐带给你的"美"……美的事物，总是被人们乐意醉心地追求着。自古以来，数学就以其高度的抽象性、严密的逻辑性令许多人望而生畏，难道数学真的就那么冰冷、枯燥、乏味吗？数学存在于我们的生活中，它时时刻刻围绕着我们。数学有其冰冷的美丽，也有其火热的情怀，今天让我们共同走进数学世界，去欣赏它的奇妙和美丽。

一、数学的简洁美

数学美的简洁性是指数学的表达形式和数学理论体系结构的简单性。如：反映多面体的顶点、棱、面的数量关系的欧拉公式：顶点数＋面数－棱数＝2。勾股定理：直角三角形两直角边的平方和等于斜边的平方。

二、数学的对称美

加法的交换律为 $a+b=b+a$，乘法的交换律为 $ab=ba$，a 与 b 的位置具有对称关系，如图 101 所示。蝴蝶具有对称性，如图 102 所示。

$$1 \times 1 = 1$$
$$11 \times 11 = 121$$
$$111 \times 111 = 12321$$
$$1111 \times 1111 = 1234321$$
$$11111 \times 11111 = 123454321$$
$$111111 \times 111111 = 12345654321$$
$$1111111 \times 1111111 = 1234567654321$$
$$11111111 \times 11111111 = 123456787654321$$
$$111111111 \times 111111111 = 12345678987654321$$

图 101   图 102

三、数学的和谐美

数学的和谐美指的是数学的整体与部分、部分与部分之间的协调性,如图 103 所示。

$1 \times 8 + 1 = 9$	$9 \times 9 + 7 = 88$	$1 \times 9 + 2 = 11$
$12 \times 8 + 2 = 98$	$98 \times 9 + 6 = 888$	$12 \times 9 + 3 = 111$
$123 \times 8 + 3 = 987$	$987 \times 9 + 5 = 8888$	$123 \times 9 + 4 = 1111$
$1234 \times 8 + 4 = 9876$	$9876 \times 9 + 4 = 88888$	$1234 \times 9 + 5 = 11111$
$12345 \times 8 + 5 = 98765$	$98765 \times 9 + 3 = 888888$	$12345 \times 9 + 6 = 111111$
$123456 \times 8 + 6 = 987654$	$987654 \times 9 + 2 = 8888888$	$123456 \times 9 + 7 = 1111111$
$1234567 \times 8 + 7 = 9876543$	$9876543 \times 9 + 1 = 88888888$	$1234567 \times 9 + 8 = 11111111$
$12345678 \times 8 + 8 = 98765432$	$98765432 \times 9 + 0 = 888888888$	$12345678 \times 9 + 9 = 111111111$
$123456789 \times 8 + 9 = 987654321$		$123456789 \times 9 + 10 = 1111111111$

图 103

四、数学的数字美

首先来看妙趣横生的数字诗。

清代女诗人何佩玉写过这样一首诗:"一花一柳一鱼矶,一抹斜阳一鸟飞。一山一水一禅寺,一林黄叶一僧归。"

清代王士禛也写过一首诗《题秋江独钓图》:"一蓑一笠一扁舟,一丈丝纶一寸钩。一曲高歌一樽酒,一人独钓一江秋。"

两首诗都是一连串的"一"字,不但毫无重复单调之感,反让人觉得"诗中有画,画中有诗,妙趣横生"。

号称"扬州八怪"之一的郑板桥有首咏雪数字诗:"一片二片三四片,五六七八九十片。千片万片无数片,飞入梅花永不见。"诗句构思巧妙,语言朴实无华,描绘真实生动,令人击掌称绝。

再看我们很熟悉的祝福语。

(1)一斤花生二斤枣,好运经常跟你跑;三斤苹果四斤梨,吉祥和你不分离;五斤橘子六斤桃,年年招财又进宝;七斤葡萄八斤橙,愿你心想事就成;九斤杜果十斤瓜,愿你天天乐开花!

(2)祝一帆风顺,二龙腾飞,三羊开泰,四季平安,五福临门,六六大顺,七星高照,八方来财,九九同心,十全十美。

五、数学的奇异美

数学美的奇异性是指研究对象不能用任何现成的理论解释的特殊性质。

神奇的 0.618 被中世纪学者、艺术家达·芬奇誉为"黄金数"。它也曾被德国天文、物理、数学家开普勒赞为几何学中两大"瑰宝"之一。维纳斯的美被所有人所公认,她的身材比也恰恰是黄金分割比,如图 104 所示。黄金分割比在许多艺术作品中、建筑设计中都有广泛的应用。艺术家利用它塑造了令人赞叹的艺术珍品,科学家利用它创造了丰硕的科技成果。象征黄金分割的五角星在欧洲也成为一种巫术的标志。这神圣的比例值也被抬高了身价,而被称为"黄金数"了,成了宇宙的美神。人体最优美的身段遵循着这个黄金分割比,令人心旷神怡的花凭借的也是这个美的密码,就连芭蕾舞艺术的魅力也离不开它。真是哪里有黄金数,哪里就有美。

图 104

六、富有创意的图案设计美

数学是理性思维与想象的结合,是研究数量、结构、变化以及空间模型等相互关系的一门学科。如图 105,看看下面的图案,在我们欣赏美的同时,你是否感受到这些图案还暗含了一些哲理,数学以一种独特的方式诠释了哲学与美学。

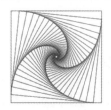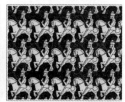

图 105

七、数学的建筑美

当我们在人类建筑的历史长河中流连忘返的时候,无不为粗陋简单的泥砖土瓦雕成的传世辉煌所感动。当我们在享受着这一件件艺术瑰宝带来的惠泽时,可曾想到,这些宏大的建筑珍品里面隐藏着多少数学的奥秘。

数学是没有生命的,而当数学遇到建筑时,就会摩擦出奇妙的火花,就会产生出乎意料的奇迹。在人们所熟知的古今中外的伟大建筑中,无不体现着数学的美。

那么,数学究竟为富丽堂皇的建筑注入了什么魔法,令我们如痴如醉呢? 就让我们一起欣赏几张图片,感受数学在建筑中体现的美,如图 106 所示。

天坛　　　　　南京长江大桥　　　水城明珠大剧场　　　中国天眼

图 106

总之,一个符号、一个公式、一个概念、一个图形、一个方法、一种思想,无不蕴含着美。欣赏数学美,体会数学的"雅致",追求数学的"完美",培养钻研数学的精神,无形中净化了我们的心灵、陶冶了我们的情操、提高了我们的修养。数学的美是有内涵的美,给我们带来的是无限的思考,不仅仅需要去体会,还要去学习。如果在学习过程中,我们带着欣赏数学的眼光去探索、发现,改变我们对数学枯燥无味的成见,从中获得成功的喜悦和美的享受,那么我们就会不断深入其中。最后,让我们用自己的慧眼去欣赏和创造数学美。

 # 菲尔兹奖和国际数学家大会

因为诺贝尔奖中没有设立数学奖,所以对于数学这个重要的基础学科,就失去了一个在世界范围内评价重大成就和杰出人才的机会。正是在这种背景下,世界上先后设立了一些国际性的数学大奖,其中一种就是每四年颁发一次的菲尔兹奖。在各国数学家的眼里,这个数学大奖的权威性、国际性都可与诺贝尔奖相媲美,因此被世人誉为"数学中的诺贝尔奖"。

菲尔兹奖是由国际数学联合会(简称 IMU)主持评定的,并且只在每四年召开一次的国际数学家大会(简称 ICM)上颁发,菲尔兹奖的权威性即来自于此。

十九世纪以来,数学取得了巨大的发展,新思想、新概念、新方法、新结果层出不穷。面对琳琅满目的新文献,连一流的数学家也深感有进行国际交流的必要。他们迫切希望直接沟通,以便尽快把握发展趋势。正是在这样的情况下,第一次国际数学家大会于 1897 年 8 月 9 日在瑞士苏黎世举行,当时只有 200 人左右参加。紧接着,1900 年又在巴黎召开了第二次会议,在两个世纪的交接点上,德国数学家希尔伯特提出了承前启后的二十三个数学问题,使得这次大会成为名副其实的迎接新世纪的会议。

现在,国际数学家大会已是全世界数学家最重要的学术交流盛会了。1950年以来,每次参加者都在两千人以上,最近两次大会的参加者更在三千人以上。这么多的参加者再加上这四年来无数的新成果,用什么方法才能很好地交流呢?近几次大会采取了分三个层次讲演的办法。以 1978 年为例,在各专业小组中自行申请做 10 分钟讲演的约有 700 人,然后由咨询委员会确定的在各专业组中做 45 分钟邀请讲演的人员约 200 个,以及向全会作 1 小时综述报告的人 17 位。被指定做 1 小时报告是一种殊荣,报告者是当今最活跃的一些数学家,其中有不少是菲尔兹奖获得者。

菲尔兹奖的宣布与授予,是开幕式的主要内容。由东道国的重要人士(当地市长、所在国科学院院长,甚至国王、总统)或评委会主席授予获奖者一块金质奖章,外加一千五百美元的奖金。最后由一些权威的数学家来介绍得奖人的杰出工作,并以此结束开幕式。

2002 年,国际数学家大会于 8 月 20 日至 8 月 28 日在北京举行。这次大会有 20 个 1 小时报告和 169 个 45 分钟报告,我国有 12 位数学家做 45 分钟报告。这是进入 21 世纪后第一次举办国际数学家大会,也是第一次在发展中国家举办。

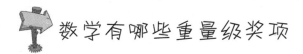

数学有哪些重量级奖项

一、菲尔兹奖(Fields Medal)

菲尔兹奖(Fields Medal),是加拿大数学家约翰·查尔斯·菲尔兹(John Charles Fields)要求设立的国际性数学奖项,于 1936 年首次颁发,常被视为数学界的诺贝尔奖,图 107 为该奖奖章。

菲尔兹奖是一项工作奖,即授予的原因只能是"已经做出的成就",但是菲尔兹奖只授予四十岁以下的数学家。

作为一种表彰纯数学成就的奖励,菲尔兹奖当然不能体现现代数学的全部内容。

图 107

但是,无论从哪一方面讲,菲尔兹奖的获得者都可以作为当代数学家的代表,他们的工作所属的领域大体上覆盖了纯粹数学主流分支的前沿。这样,菲尔兹奖就成了一个窥视现代数学面貌的很好的"窗口"。

截止到 2018 年,世界上共有 60 位数学家获得过菲尔兹奖,其中 2 位为华裔数学家,分别是 1982 年获奖的数学家丘成桐和 2006 年获奖的数学家陶哲轩。

丘成桐:1949 年出生于广东汕头,同年随父母移居香港,美籍华人,国际知名数学家,菲尔兹奖首位华人得主,图 108 为其画像。

图 108

陶哲轩:1975 年出生于澳大利亚,华裔数学家,任教于美国加州大学洛杉矶分校(UCLA)数学系,图 109 为其画像。

图 109

二、沃尔夫数学奖(Wolf Prize in Mathematics)

沃尔夫数学奖是沃尔夫奖的一个奖项,它和菲尔兹奖被共同誉为数学界的最高荣誉,其奖章如图 110 所示。获得过该奖项的华人有陈省身和丘成桐。

由于菲尔兹奖只授予 40 岁以下的年轻数学家,所以年纪较大的数学家没有获奖的可能。沃尔夫数学奖填补了这个空缺。

图 110

三、阿贝尔奖(Abel Prize)

阿贝尔奖是一项由挪威设立的数学界大奖。每年颁发一次。2001 年,为了弥补没有诺贝尔数学奖的缺憾和纪念 2002 年挪威著名数学家尼尔斯·亨利克·阿贝尔二百周年诞辰,挪威政府宣布将开始颁发此奖。其奖章如图 111 所示。

图 111

四、高斯奖(Gauss Prize)

图 112

为纪念"数学王子"高斯,1998 年在德国柏林举行的第 23 届国际数学家大会上,国际数学联合会决定设立高斯奖(Gauss Prize)这一奖项,主要用于奖励在应用数学方面取得成果者。其奖章如图 112 所示。

五、陈省身奖(Chern Medal Award)

陈省身奖是国际数学联合会为了纪念已故华人数学家陈省身而设立,奖励在国际数学领域取得杰出成就的科学家,这是国际数学联合会首次以华人数学家命名的数学大奖。其奖章如图113所示。

图113

2009年6月2日,国际数学联盟宣布设立陈省身奖,该奖由国际数学联合会在每四年召开一次的国际数学家大会上颁发,无年龄限制。

陈省身,1911年10月28日生于浙江嘉兴秀水,美籍华裔数学大师,20世纪最伟大的几何学家之一,生前曾长期任教于美国芝加哥大学(1949－1960年)、加州大学伯克利分校(1960年起),并在伯克利建立了美国国家数学科学研究所(MSRI)。

苏联国家元首加里宁说过:"数学是思维的体操。"拿破仑说:"一个国家只有数学蓬勃的发展,才能展现它国力的强大,数学的发展和至善与国家繁荣昌盛密切相关。"

每天进步一点点

每天进步一点点,理想终究会实现!每天退步一点点,纵有理想也枉然!

假设每天的进步率为1‰,那么一年后是:

$$(1+1‰)^{365}=1.01^{365}≈37.7834343329>1$$

也就是说你每天进步一点点,一年以后,你将进步很大,远远大于"1"。每天保持原状,一年以后:$1^{365}=1$,你还是原地踏步,还是那个"1"。

假设每天的退步率为1‰,那么一年后是:

$$(1-1‰)^{365}=0.99^{365}≈0.02551796445<1$$

也就是说你每天退步一点点,一年以后,你将远远被人抛在后面,将会是"1"事无成。

让我们再计算一下一年后,"进步"的是"退步"的多少倍:

$$37.7834343329÷0.02551796445=1480.66019948$$

与时俱进,不进则退。请记住,每天只比你努力一点点的人,其实,已经超越你很远。

田忌赛马

战国时代,齐国的齐威王爱好骑马射箭,经常喜欢和别人比赛,并且十次有八、九次能赢。

有一天,齐威王又提出和田忌比赛,并且以千金作赌注。

田忌很痛快地答应了。但是,心里却老是嘀咕:以前和国王比赛过多次,都输了,这次怎么才能赢呢?

田忌回到家里,把这事告诉了孙膑。孙膑问田忌:"以前都怎么个比赛法?"

田忌说:"两个人各备三匹战马,马分上、中、下三等,上等的对上等,中等的对中等,下等的对下等。赛过一轮定输赢。我的马力气不足,从前都输了。"

孙膑想了想,说:"这一次,我保你能取胜。"

到比赛的那天,孙膑对田忌说:"你把最好的辔头、鞍子备在下等马上,当作最好的马与国王最好的马比赛,再用你的上等马与国王的中等马比赛,用你的中等马与国王的下等马比赛,这么颠倒一下次序,就行了。"

田忌按照孙膑的主意准备妥当,进行了第一轮比赛。齐威王的马比田忌的马快很多,在一片嘲笑中田忌输了。齐威王正在得意,第二轮和第三轮开始了,结果田忌都赢了,得了千金。

齐威王很是不解,就问田忌,这次是怎么取胜的,田忌就把孙膑给他出的主意如实地告诉了齐威王。

齐威王听后,连声称赞孙膑有智谋、有心机。从此,齐威王大胆重用孙膑,让田忌、孙膑统领齐国大军。

在这个故事中,田忌的上等马可以赢过齐王的中等马,田忌的中等马可以赢过齐王的下等马。比赛也没有规定双方的赛马出场顺序,所以田忌舍弃掉一场的胜利,得到了两场胜利,并获得最终胜利。田忌在比赛规则内,调换了赛马的出场安排,舍弃其一赢得其二,由此获得最终胜利的结果,正是运筹学合理安排资源和条件,用最好的方法实现目标原理的运用。

县官分钱

有一天,县官去微服私访,路上遇到两个人在争吵,请县官做出公正的裁决。

事情的经过是这样的。这天中午,天气炎热,一个农夫干了一上午活,正准备吃午饭。这时,恰巧来了一个商人和一个赶考的书生,商人说:"咱们在一起吃午饭好不好?"书生说:"实在惭愧,我带的食物吃完了,我付给你们钱,行吗?"商人一听说给钱,满脸堆笑地同意了。农夫把自己干粮袋里仅有的五个馒头都拿出来,商人的干粮袋里也有五个馒头,可他脑瓜一转,只拿出了三个,放在一起。农夫同情地看看书生,对两人说:"咱们有八个馒头,够我们三个人吃的,就让我们一块儿吃吧。"他们三个人便把八个馒头平均分成三份,每人吃完了自己的那一份。

"谢谢二位的好意,我这里有八个铜板,请收下。"书生很恭敬地说,从腰包里掏出铜板，又忙着赶路去了。

书生走后，他俩商量怎样分这八个铜板。农夫直率地说："我拿了五个馒头，你拿出了三个，八个馒头八个铜板，正好我取五个，你取三个。"看着闪闪发光的铜板，商人早已眼馋，恨不得全装进自己腰包。而农夫却想只分给他三个，他哪里肯依！他说："书生吃的是你我两个人的馒头，铜板分得有多有少不公平！""你说应该怎么分？""平均分，每人四个铜板。""可是我拿出的馒头比你的多。""反正书生吃的是你我两人的东西，钱就得平均分。"两个人互不相让，争吵不休。

恰好县官微服私访途经此地，两人要求县官评理。县官听过之后，说："公平合理的分法是农夫应该得七个铜板，商人只应该得一个。""我只能得一个铜板？"商人又急又气，脸色都变白了。"你的裁判应该公正无私！""我的裁判当然公正无私！"县官很严肃地说，"你们总共八个馒头，平均分成了三份，每份是三分之八个。那个书生吃了三分之八个馒头，付了八个铜板，算起来，每个馒头值三个铜板。你商人拿出了三个馒头，自己吃掉了三分之八个，书生只吃了你三分之一个馒头，正合一个铜板，当然应该给你一个铜板了。农夫分给你三个，你还不满足，还想多要，你未免太贪婪了吧！"商人一听，像斗败的公鸡一样，低下了头。

包公分家

宋朝时候，有一位财主死了。按照他的遗嘱，他的家产由两个儿子平分。

主持人把他俩的亲娘舅、姑姑等都召集到一块儿，商量分家的事。他们计算来，计算去，费了好大的劲，总算平均分开了。

可是，分开没有几天，哥哥老是怀疑舅舅偏向弟弟，把值钱的东西都给弟弟了；弟弟又总是怀疑姑姑袒护哥哥，哥哥分的那一份多。总之，弟兄俩都觉得自己分的那份少，吃了亏。两个人找个借口就争吵起来，闹得不可开交。

后来，两个人都写了状子，告到了县衙，请包公为他们主持公道。

包公想："把两份东西合起来再重新分，分好后，他俩还会说自己分的那份少，还会找借口闹事。该怎么办呢？"

这一天，包公击鼓升堂。兄弟二人一起被带到大堂上。

包公先问哥哥："是你分的那份少，你弟弟分的那份多吗？"

"是，老爷，一点不错。"

包公又问弟弟："是你哥哥分的那份多，你分的那份少吗？"

"是，老爷，一点也不错。"

"如果查明你俩谁说谎,就有欺天之罪,严加惩办!"包公厉声说道。

"请老爷相信,完全属实!"兄弟二人几乎同时这样说。

"那好,你俩画押!"包公命令说。

兄弟二人很认真地画了押。

包公当即判决说:"既然哥哥说弟弟分多了,弟弟又说哥哥分多了,那就对换一下。哥哥到弟弟家去住,弟弟到哥哥家去住,再把分家的契约交换过来,就行了。"

说完,命令官吏当即办好了交换手续。

兄弟二人你看看我,我看看你,无话可说了。

牧童分牛

有一个财主死了,根据他留的遗嘱,他的财产分给了三个儿子。别的财产都分完了,可最后的十七头牛却没法分。因为遗嘱上写到,大儿子分二分之一,二儿子分三分之一,小儿子分九分之一。哥仨作难了:怎样来分这十七头牛呢?

大儿子说:"十七头牛的二分之一是八头半,我要八头活的,再杀死一头,我要一半,吃牛肉。"

二儿子有自己的打算,他说:"我要五头活的,再宰掉两头,把肉平均分成三份,我要一份。"

小儿子因为自己分得太少,满肚子委屈,说:"反正给我的得够数,不够数我去打官司。"

三人想来想去没有办法,决定让县官去评判。他们赶着一群牛向县衙走去,哥仨边走边吵。

正在这时,一个牧童骑着牛过来了,"这么简单点事还要去县衙,这还不好办吗?"牧童跳下牛,说,"亲兄弟之间要讲究谦让,我把我的这头牛也加进去,让你仨一块分。"

哥仨知道牧童不会那么慷慨,但也猜不透牧童为什么要这么做,只感到莫名其妙。

"十七头牛,加上我这一头,是十八头。大儿子得二分之一,是九头,牵走吧。"牧童边说边动手分起来。大儿子很高兴地牵出九头牛。

"二儿子得三分之一,应该是六头,也牵走吧。"牧童说。二儿子很满意地牵出了六头。

"小儿子得九分之一,十八的九分之一是二,你牵走两头吧。"牧童又叫小儿子牵走了两头。

这样分法,三个人都很满意,同时,他们也感到很奇妙:九头、六头、两头,加起来正好是十七头,最后竟还剩下一头。

牧童牵回自己的那头牛,骑上牛,吹着竹笛,欢快的笛声传得很远很远。

张大娘的鸡蛋

一天,正是赶集的日子。集市上的各类物品琳琅满目,张大娘带着一大篮子鸡蛋早早地来到集市上,找了一个繁华的位置。还没摆好摊子,就被一个骑车的小伙子把鸡蛋篮子撞翻了。小伙子知道是自己的不对,准备赔偿张大娘的鸡蛋钱。他问张大娘:"你篮子里一共多少鸡蛋?"。

"准确的数我也记不清了。"张大娘回答说,"在家里我把鸡蛋从这个篮子里倒腾到那个篮子里,又从那个篮子里倒腾到这个篮子里,倒腾过几遍后,我知道,分别按每次往外拿2个、每次往外拿3个、每次往外拿4个、每次往外拿5个或每次往外拿6个时,最后篮子里总是剩1个,当我按每次拿7个时,正好拿完,篮子里1个也不剩了。"

"这是多少个鸡蛋?怎么能算出来呢?"小伙子慢慢眨巴着眼,思索了一会儿,又找了根木棍在地上划拉了一会儿,说:"是301个鸡蛋。也可能是721个鸡蛋,但你的篮子里盛不了这么多,可以肯定是301个。"

"也就这么个数。"张大娘表示同意。

小伙子按市价付清了鸡蛋钱,就想去忙自己的事。

可小伙子算鸡蛋数目的方法,却引起周围的人极大的兴趣。他们望着小伙子纳闷地说:"小伙子,你怎么算出她篮子里有301个鸡蛋?"

"好吧,那就跟你们说说。"小伙子开始讲起来,"张大娘说她的鸡蛋每次往外拿2个、每次往外拿3个、每次往外拿4个、每次往外拿5个或每次往外拿6个时,最后篮子里总是剩1个,她的鸡蛋应该是2至6这五个数的最小公倍数加1,这五个数的最小公倍数是60,60加1是61。61被这五个数除都剩1,但61被7除却有余数,说明61个鸡蛋,按7个一次往外拿,拿不尽。也就是说她篮子里不是61个鸡蛋。那就再往下算。60的2倍加1是:$60 \times 2 + 1 = 121$,121不能被7除尽;$60 \times 3 + 1 = 181$,也不能被7除尽;$60 \times 4 + 1 = 241$,也不能被7除尽;而$60 \times 5 + 1 = 301$,301被2、3、4、5、6除都剩1,被7除正好除尽。所以我就断定她篮子里是 301 个鸡蛋。用同样的方法算出的另外一个数是 721,被 2 至 6 五个数除,也都剩 1,被 7 除能除尽。可是,张大娘是拿不动 721 个鸡蛋的。"

周围的人鸦雀无声,尽管他们有些人听不懂,但他们心里却十分清楚:小伙子计算得巧妙有趣,真实可信。

肖爷爷的计算方法

有个小学生在记忆九九乘法表时,9 的倍数总是记不住,他十分苦恼。肖爷爷知道这件事后,教给小学生一种用手指来记忆 9 的倍数的方法。小学生学过之后,发现果然非常好用,他可以不用死记硬背就能说出 9 的倍数了。下面就是这个小学生从肖爷爷那里学到的手指法。

首先将两手五指张开平放到桌子上,由左至右依次在每根手指上标上数字,自左侧起第 1 根手指标 1,第 2 根手指标 2,第 3 根手指标 3,那么第 10 根手指自然就标 10 了。进行计算时,只需要将代表要乘以 9 的那个数字的手指翘起就行了,翘起的那根手指的左侧手指个数代表计算结果的十位数,而它右侧手指个数则代表计算结果的个位数。

例如计算 7×9,只需将标着 7 的手指翘起来,这时发现这根手指左侧共有 6 根手指,而其右侧共有 3 根手指,那么 7×9 的结果就是 63。

上面介绍的这个手指记忆法,刚看到是不是感到十分奇妙呢!其实只要好好研究九九乘法表,就能知道其中的奥秘了,九九乘法表中关于 9 的倍数是这样的:

$$1×9=9,2×9=18,3×9=27,4×9=36,5×9=45,$$
$$6×9=54,7×9=63,8×9=72,9×9=81,10×9=90。$$

从上面的式子可以发现,后面式子乘积的十位数有规律的比前一个式子乘积的十位数大 1,整体呈递增状态,即 0、1、2、3、……8、9,而个位数字的规律正好相反,呈递减状态,即 9、8、7、……1、0,同时,每个乘积的十位数与个位数之和均为 9。这样,只要翘起代表相应数字的手指就能计算出答案啦。所以,人的手指可以说是最原始、最神奇的计算机。

猜 帽 子

有一个老板,想招一个帮手。有一天,张三与李四来应聘,老板想知道他俩谁更聪明,于是,想出了一个测验的办法。

于是,老板把两个人带进一间狭长的屋子。屋子里空荡荡的,一个小窗用厚帘子遮着,透不进阳光,屋里全靠灯光照明。两个人感到莫名其妙,不知道老板要干什么。

老板打开一个盒子,对两个人说:"盒子里盛着五顶帽子,两顶红的,三顶黑的。现在我把电灯关掉,我们三个人每人摸一顶帽子戴在自己头上,然后我盖好盒子,打开电灯。你们俩要说出自己头上戴的帽子是什么颜色,看谁说得快而且准确。"

接着,老板关上了电灯。三个人各摸了一顶帽子戴在自己头上,老板把盒子盖好。当电灯打开之后,那两个人同时看见老板头上戴着一顶红色的帽子。两个人又互相看了一眼,略一迟疑,张三立即喊道:"我戴的是黑的。"

李四有些诧异。老板问张三:"你怎么知道自己戴的是黑色的?"

"我是从李四的犹豫中知道的。"张三说。接着,他就向老板讲了自己在瞬间做出判断的经过:"一共只有两顶红色的帽子。当打开电灯时,你的头上已经戴了一顶红的,这是我们俩同时看到的。如果我再看见他(指李四)头上戴的是红的,我会立刻判断自己戴的是黑的。同样,他看到我头上戴的是红的,他也会立即做出判断,说自己戴的是黑色的。可是,打开电灯,互相看过之后,我们俩谁也没有立即说话,原因肯定是我看见他戴的和他看见我戴的都一样,都不是红色的。就在这个犹豫中,我断定我戴的帽子是黑色的。"

听张三这么一说,李四才明白过来。老板微笑着连连点头,对张三的推理判断十分满意。

阿凡提分酒

一天,阿凡提在去喀什的路上遇到了两个人,原来这两个人在镇子里买了一桶酒,正好是八斤。两个人要平均分,可一时又找不到秤,只有随身带的一大一小两个水袋,大的可装五斤,小的可装三斤。怎么分酒呢?他俩束手无策。

当他们正在发愁时,阿凡提过来了。阿凡提看着那个木桶和两个水袋,眨着双眼想了一会儿,说:"这好办,我给你们分开。"在场的人都愣愣地看着阿凡提。一个人不耐烦地说:"我们想了很多办法都分不开,你还来起哄!"

"让他分分看,或许能分开。"另一个年纪大的人说。阿凡提用那个木桶和两个水袋有条不紊地倒来倒去,只倒了七次就把酒平分开了。两人不由得称赞起阿凡提的聪明机智。

那么你知道阿凡提是怎么分的吗?

具体过程可见图1。

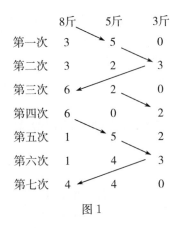

	8斤	5斤	3斤
第一次	3	5	0
第二次	3	2	3
第三次	6	2	0
第四次	6	0	2
第五次	1	5	2
第六次	1	4	3
第七次	4	4	0

图1

曹冲分酒

三国时期的官渡之战,曹操取得了胜利。在庆功会上,曹操摆起盛大的宴席,招待立了战功的将领。

文官武将争先向曹操敬酒,祝他万寿无疆,功与天齐。曹操很高兴,让人抬出一个精致的酒桶,说:"这里有100升美酒,我要把它赏给十位战功卓著的将领。"

接着,曹操一一说出十位将领的名字,让他们站出来,按照功劳大小排成一队。第一个人的功劳最小,第二个比第一个功劳大,第三个又比第二个功劳大……这样一直往后排,一个比一个功劳大,第十个功劳最大。

"这100升美酒,不是平均分给你们,而是按你们功劳的大小来分。"曹操对十位有功的将领说,"按现在排列的顺序,如果第一个人得到一份,那么比他功劳大的第二个人应该得到两份,第三个人应该得到三份……第十个人要得到十份,照这个办法,你们自己把这一桶酒分了吧。"

十位将领连忙向曹操谢恩。但是,当他们转身分酒时,却不知道自己该取多少。

他们商量来商量去,先试着这样分:第一个人如果取 1 升,第二个人取 2 升,第三个人取 3 升……第十个人取 10 升,总共是:1+2+3+…+10=55(升)。结果,100 升酒剩了差不多有一半。

他们又试着用第二个办法分:如果第一个人取 2 升,第二个人应该取 4 升,第三个人取 6 升……第十个人应是 20 升,总共是:2+4+6+…+20=110(升)。这样,又不够分了。

怎么办呢? 这十位在沙场上纵横驰骋的将领,却让这 100 升美酒难住了。

这时,曹冲站起来说:"不用犯愁,我能算出你们每人应得多少酒。"十位将领一看,原来是公子曹冲。大家都鸦雀无声,想听听曹冲是怎么分的。因为大家都知道曹冲称象的事,知道曹冲非常聪明,都相信他一定能给大家分好,那就听听他是怎么分的吧。

曹冲说出了他的算法:先把十位将领的名次数从 1 到 10 加起来,得:1+2+3+…+10=55,再用 100 升除以 55,得:$100 \div 55 = 1\frac{9}{11}$(升)。

也就是把 100 升酒平均分成 55 份,每份是 $1\frac{9}{11}$ 升。按照曹操的规定,功劳最小的第一个人应得一份,就是 $1\frac{9}{11}$ 升;功劳比第一个大的第二个人应得两份,就是 $1\frac{9}{11} \times 2 = 3\frac{7}{11}$(升);第三个人应得三份,就是 $1\frac{9}{11} \times 3 = 5\frac{5}{11}$(升)……第十个人应得 $1\frac{9}{11} \times 10 = 18\frac{2}{11}$(升)。

大家都觉得这个算法对,他们把算得的结果加起来正好是 100 升,在场的人都佩服曹冲的聪明才智,纷纷竖起了大拇指。

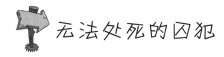

无法处死的囚犯

古时候,希腊与波斯曾发生过一次规模巨大的战争。野心勃勃的波斯国王想吞并美丽富饶、文化发达的希腊。希腊人民怀着高度的爱国热情,团结一致,奋起斗争,打败了波斯侵略者,俘虏了大批兵士。

希腊国王想把俘虏来的囚犯处死。当时最流行的处死方法有两种：一种是砍头，一种是处绞刑。用什么方法处死这批异国的囚犯呢？

国王为了显示自己的仁慈，决定让囚犯自己来选择。选择的方法是：囚犯可以任意说出一句话来，而且要能让人立即知道这句话是真还是假。如果囚犯说的是真话，就处绞刑；如果说的是假话，就砍头。

结果，许多囚犯不是因为说了真话而被绞死，就是因为说了假话而被砍头。也有的干脆不讲话或吓得讲不出话来，而被当作说了真话处以绞刑的。

在这批囚犯中，有一个是非常聪明的。当轮到他来选择死的方式时，他走到国王面前问："国王陛下，如果我说出一句话，你们既不能绞死我，也不能砍头，该怎么办？"

"那是不可能的，绝对不可能！人说出的话，不是真的就是假的。"国王自负地说，"如果你说出的话含糊不清，模棱两可，不能马上验证其真假，我就当作你说了假话。"

"我的话十分明确，一听就知道是真是假。"那个囚犯说，"请国王陛下对我提出的问题做出明确的回答。"

"如果真像你说的那样，我就释放你。不仅释放你，所有还没被处死的囚犯都可以释放回家。"国王说。国王之所以变得如此宽宏大度，是他坚信任何人都不会说出一句既不含混又无法使他辨别真假的话来。

那个囚犯听到国王的回答后，果然说出了一句异常巧妙的话，使王左右为难，既不能将他绞死，也不能将他砍头。

说了句什么话呢？那个聪明的囚犯说："要对我砍头。"

这句话说得清楚明白。听到这句话，刽子手举起了鲜血淋漓的大刀，要把他的头砍掉，可是，他们又立即停住手，把刀慢慢放下了。因为，如果真的把他砍头，那么他的话就是真的了，按照国王的规定，说真话是应该被绞死的。刽子手们又要把他处以绞刑。可是，还没把那个囚犯推上绞刑架，他们又放弃了这个想法。因为，如果真的把他处以绞刑，那么他说的"要对我砍头"就成了假话了，而说假话又是应该被砍头的。无论处以绞刑，还是砍头，都没有办法执行国王原来的决定。刽子手们犹豫不决，不知该怎么办了。

这可大大出乎国王的意料。国王只好按照亲口答应的条件，把那个聪明的囚犯和所有还没被处死的囚犯一块儿释放了。

有趣的悖论

数学当中有一个著名的理发师悖论,这是由英国数学家罗素(1872－1970年)提出的。内容是这样的:一个理发师的招牌上写着"城里所有不自己刮脸的男人都由我给他们刮脸,我也只给这些人刮脸"。那么,谁给这位理发师刮脸呢?

如果他给自己刮脸,那他就属于自己刮脸的那类人。但是,他的招牌说明他不给这类人刮脸,因此他不能自己来刮。如果另外一个人来给他刮脸,那他就是不自己刮脸的人。但是,他的招牌说他要给所有这类人刮脸。因此给他刮脸的人应该是他自己。

所以,没有任何人能给这位理发师刮脸了!

类似于这个悖论的故事还有很多,比如下面几个。

一、谎言者悖论

在公元前 6 世纪时,有一个叫伊壁孟德的克里特人说:"所有的克里特人都说谎。"这个悖论很出名,使得希腊人大伤脑筋。

人们会问:伊壁孟德有没有说谎?"我",也就是伊壁孟德是否在说谎? 如果"我"在说谎,那么"我在说谎"就是一个谎言,因此"我"说的就不是谎言而是实话;但是如果这是实话,"我"又在说谎,矛盾不可避免。

二、柏拉图与苏格拉底悖论

柏拉图调侃他的老师:"苏格拉底老师下面说的话是假话。"苏格拉底回答说:"柏拉图上面说的话是对的。"不论假设苏格拉底的话是真是假,都会引起矛盾。

三、鸡蛋的悖论

先有鸡还是先有蛋?

再看看如图 2 所示的悖图,你会对悖论有更深刻的理解。

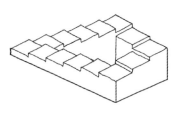

图 2

我能量地球

这是发生在公元前 240 年左右的一件事,距今有 2200 多年。

那时候,希腊著名科学家亚里士多德在他的著作《天论》中提出:大地是个球体,一部分是陆地,一部分是海洋。这个看法,得到一些人的拥护,也遭到许多人的反对,两派争论不休。古希腊有位数学家叫埃拉托斯特尼,长年在亚历山大城任教。他支持亚里士多德的观点,但他没有参与那些无止无休的论争,他在深沉地思索:既然相信大地是个球体,就应该想办法把它的大小测量、计算出来,可是,用什么办法把偌大的地球的大小测量出来呢?

有一天,他到亚历山大城里一个文库馆查资料,在一份材料上他看到,亚历山大城南有一个叫辛尼的小镇,每年夏至这一天的中午,阳光可以直射到很深的井底。这是他从未听说过的现象,他用手指垂直向下比画着,思索着这其中的奥秘。最后,他决定亲自去一趟,实地考察一下。

他沿着滚滚的尼罗河往上游走去,风餐露宿,不辞劳累,用了将近 20 天的时间,走了 800 多公里路,终于在阿斯旺水坝附近找到了辛尼城。

到达辛尼城的第三天正是夏至。中午时分,正像那份材料上讲的一样,太阳高悬在头顶,深井里映出太阳的影子,明晃晃的。笔直的长竿立在地上,竟然"立竿而不见影"。一时间,辛尼城变成了"无影城"。城里人像过节一样,聚拢到井边,观赏这奇异的景象,直到太阳从井底慢慢移开,他们才散去。埃拉托斯特尼一人仍留在井台上,时而看看井底,时而看看火辣辣的太阳,痴痴地思索着:"太阳在头顶正上方,这说明阳光的方向与地面垂直向上的方向是一致的,光是一直射向地心的。在亚历山大城从没有发生过这种现象,这说明夏至中午的阳光的方向与那里的地面垂直向上的方向不一致,有偏差。为什么有这种偏差呢? 偏差有多大?"

带着这一连串的问题,埃拉托斯特尼回到亚历山大城。第二年夏至的中午,他对城内的柱影进行测量,发现光线偏离地面垂直向上的方向 7.2°。这时,一个用数学理论来测量地球周长的方法,在他心中产生了。

他是这样思考的:太阳和地球之间的距离是极其遥远的。阳光平行地射下来,如果大地不是球体而是很平坦的,高悬在天空的太阳应该同时直射在所有见到阳光的地方。可是,夏至这天的中午,太阳在辛尼城直射,在亚历山大城却不能直射,偏了 7.2°。不难推定,这正是因为大地是个球体、球体曲面垂直向上的方向不同造成的。利用这一点,也就可以测量地球的大小。因为,在亚历山大城,阳光射来的方向与地面垂直方向形成的 7.2°角,也正是亚历山大城垂直方向与辛尼城垂直方向形成的地心夹角的角度。地心夹角是 7.2°,正好是 360°圆周的$\frac{1}{50}$,而地心夹角 7.2°在地球表面的弧长,就应该是亚历山大城到辛尼城的距离,两城相距 805 公里,从地心夹角和地球表面弧长的关系就可知道,这个距离正是地球周长的$\frac{1}{50}$,那么,地球的周长自然就不难算出了。即 805×50＝40250(公里)。

在那个还很落后的时代,在两城之间,用极简单的方法就测量出地球的周长,而测量的结果与现在用最科学的方法测得的数据十分接近,这不能不令人惊异。埃拉托斯特尼,作为世界上第一个测量地球的人,载入了光辉的科学史册。

为了便于理解、掌握埃拉托斯特尼测量地球的方法,现画一个示意图,如图 3,根据这个图,也可以进行计算。

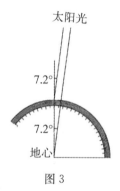

图 3

 哥尼斯堡七桥问题与一笔画

在离普莱格尔河流入波罗的海海口不远的地方,有一座古老的城市——哥尼斯堡,二战后更名为加里宁格勒,现位于立陶宛与波兰之间,属俄罗斯。

普莱格尔河横贯哥尼斯堡城,有两个支流,一条称新河,一条叫旧河,在城市中心汇成大河,中间是岛区,一座叫内福夫岛,是城中最繁华的商业中心。普莱格尔河把全城分为四个地区:南区、北区、东区和岛区,河上有 7 座桥,将河中的两个岛和河岸连接。

由于岛上有古老的哥尼斯堡大学,有教堂,还有康德的墓地和塑像,因此城中的居民,尤其是大学生们经常沿河过桥散步。渐渐地,爱动脑筋的人们提出了一个问题:一个散步者能否一次走遍 7 座桥,并且每座桥只许通过一次,最后仍回到起始地点。这就是有名的七桥问题,如图 4 所示。

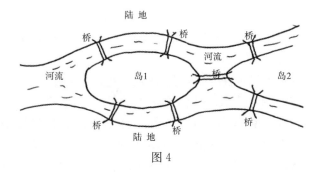

图 4

这个问题看起来似乎很简单,然而许多人做过尝试,始终没能找到答案。因此,在1736年,一群大学生写信给当时年仅29岁的大数学家欧拉。欧拉正在俄国彼得堡科学院任职,他通过一年的研究,于1736年向彼得堡科学院递交了一篇题为《哥尼斯堡七桥》的论文,圆满地解决了这一问题。他提出的思想使一门新的数学分支图论与几何拓扑诞生。

欧拉是这样解决问题的:既然陆地是桥梁的连接地点,不妨把图4中被河隔开的陆地看成4个点,把7座桥看作7条连接这4个点的线,如图5所示。于是"七桥问题"就等价于图5中所画图形的一笔画问题了。

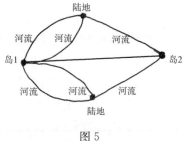

图 5

欧拉通过对七桥问题的研究,不仅圆满地回答了哥尼斯堡居民提出的问题,而且得到并证明了更为广泛的有关一笔画的三条结论(由一点引出的线段数目为奇数,则这个点为奇点;由一点引出的线段数目为偶数,则这个点为偶点):

(1)凡是由偶点组成的连通图,一定可以一笔画成。画时可以把任一偶点作为起点,最后一定能以这个点为终点画完此图。

(2)凡是只有两个奇点的连通图(其余都为偶点),一定可以一笔画成。画时必须以一个奇点为起点,另一个奇点为终点。

(3)其他情况的图都不能一笔画出,奇点数除以2便可算出此图需几笔画成。

谷堆之辩与模糊数学

古代的哲学家很多都喜欢诡辩,而他们提出的许多诡辩和悖论都蕴含着一些数学新思想的光辉。"阿基里斯追乌龟"是如此,"谷堆之辩"也是如此。

假如现在给你 1 粒谷子放在地上，这能算 1 个谷堆吗？你当然会回答：不能。2 粒谷子呢？也不能。3 粒谷子呢？依此类推，一粒粒地加上去，无论多少粒，你都能说不是谷堆吗？

你肯定会说，多到一定程度的时候，你就会同意那是谷堆了。那么，一粒粒地加上去，前面你都说"不是"，而我们又知道你最后会说"是"。那么中间肯定有一个时刻：前面你一直都说"不是"，加了一粒之后它就变成"是"了。换句话说，一堆谷子，你只要从其中拿掉 1 粒谷子，它就不是一堆谷子了。对吗？

现在觉得疑惑了吗？有点不对劲了吧，这就是著名的"谷堆之辩"。这个故事反映的是模糊数学的概念。

在很长时间里，数学一直被认为是一门精确的科学。对所有事情，都寻找准确的数字去描述它。然而，在自然界中，还普遍存在着大量的模糊现象。就像"谷堆"，到底什么叫作"堆"呢？

在日常生活中，经常遇到许多模糊事物，没有分明的数量界限，要使用一些模糊的词句来形容和描述。比如，比较年轻、高个、大胖子、好、漂亮、善、热、远等。在人们的工作经验中，往往也有许多模糊的东西。例如，要确定一炉钢水是否已经炼好，除了要知道钢水的温度、成分比例和冶炼时间等精确信息外，还需要参考钢水颜色、沸腾情况等模糊信息。能够描述这些模糊信息的数学，就是模糊数学。

1965 年，美国控制论专家、数学家查德发表了论文《模糊集合》，标志着模糊数学这门学科的诞生。模糊数学研究模糊概念和精确数学、随机数学的关系，也研究模糊语言学和模糊逻辑。

模糊数学虽然取得了许多进展，但是还远没有成熟。它的理论还需要在实践中运用、检验。

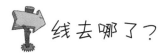

线去哪了？

首先按照图 6(a)所示，在长方形的纸片上画 13 条等间距的等长平行线，并沿图中所示的 AD 连线将纸片剪开(A、D 两点分别在两端平行线的端点位置)，这样长方形纸片就被分成了两部分。然后按照图 6(b)所示，将之前剪好的两部分移动，你会发现，13 条平行线神奇地变成了 12 条！你知道原来的那条线跑到哪里去了吗？

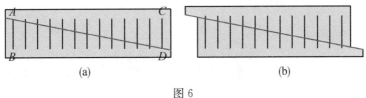

图 6

其实,将图 6(a) 和图 6(b) 放在一起比较一下就能发现这个谜了。其实图 6(b) 中每条线的长度都比图 6(a) 中每条线段长 $\frac{1}{12}$,这表明,图 6(a) 中的第 13 条线并没有消失,而是被平分给了其他 12 条线,这样其他 12 条线都相应增长了 $\frac{1}{12}$。

这个秘密根据几何学的相关知识可以证明。

如图 6(a),过第 1 条线段的顶点 A 与最后 1 条线段的顶点 D 作直线 AD,直线 AD 将整个图形分成了两部分,连接 AC 可以得到一个直角三角形 ACD,再自 AD 与左边第 2 条平行线的交点起作 AC 的平行线并与最右端的平行线 CD 相交。由几何学中相似三角形的知识,我们可以推导出直线 AD 从左起第 2 条平行线上切了 $\frac{1}{12}$,第 3 条上切了 $\frac{2}{12}$,第 4 条上切了 $\frac{3}{12}$,依次类推,第 13 条上切了 $\frac{12}{12}$,即 1。接着,按照图 6(b) 所示移动纸片时,其实就是将右侧平行线被切掉的部分加在了其左侧平行线剩余部分的上方,这样,每条被 AD 切断的平行线都比原来的长度增加了 $\frac{1}{12}$,由于 $\frac{1}{12}$ 的长度很短,所以不容易看出来,这样就会误认为第 13 条线消失了。

为了更好地理解这一现象,我们可以再做一个小实验。

如图 7(a) 所示,在纸片上画出直线段,并沿着图示圆形弧线将纸片剪开;然后将圆形的中心固定住,按照图 7(b) 所示的位置转动圆形纸片,你会发现有一条直线消失了,与前面的情况一模一样。怎么样?你理解这个谜了吗?

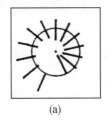
(a)
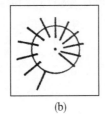
(b)

图 7

遇到几艘船

每天,都有一艘轮船从法国的哈弗尔港起航经过大西洋驶往纽约,同时,每天也会有轮船从纽约港出发经过大西洋驶往哈弗尔。所有的轮船的航速相同,且走同一航道,均需 7 天时间才可到达目的地。试想,从哈弗尔起航的轮船在航行抵达纽约的全程中,可与几艘与之航向相反的轮船相遇?

这就是著名的"柳卡问题",下面介绍法国数学家柳卡·斯图姆给出的一个非常直观巧妙的解法,他先画了一幅图,如图 8 所示。

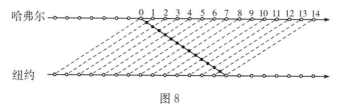

图 8

这是一张运行图,在平面上画两条平行线,以一条直线表示哈弗尔,另一条直线表示纽约,那么,从哈弗尔或纽约开出的轮船,就可用图中的两组平行线来表示,图中的每条线段分别表示每条船的运行情况,粗线表示从哈弗尔驶出的轮船正在海上航行,它与其他线段的交点即为与对向开来轮船相遇的情况。从图中可以看出,某天中午从哈弗尔开出的 1 艘轮船(图中用实线表示)会与从纽约开出的 15 艘轮船相遇(图中用虚线表示)。而在这相遇的 15 艘船中,有 1 艘是在出发时遇到(从纽约 7 天前开出的,刚到达哈弗尔),1 艘是到达纽约时遇到(刚好从纽约开出),剩下 13 艘则在海上相遇。另外,还可从图中看到,轮船相遇的时间是每天中午和子夜。如果不仔细思考,可能认为仅遇到 7 艘轮船,得到这个错误的答案主要是因为只考虑这艘船发出以后开出的轮船而忽略了已在海上的轮船。

思考:这艘船开出前,海上就已经有从纽约来的 7 艘船了(每天 1 艘,7 天到,最多 7 艘)。这艘船开时,纽约又发 1 艘。之后 7 天,纽约又会开出 7 艘船。所以一共是:7＋1＋7＝15(艘)。

公交车的相遇

某市一条公交车线路的起点站和终点站分别是甲站和乙站,每隔 10 分钟有一辆公交车从甲站发出开往乙站,全程要走 1 小时。有一个人从乙站出发,沿公交车线路骑车前往甲站,他出发的时候,恰好有一辆公交车到达乙站,在路上他又遇到了 15 辆迎面开来的公交车,到达甲站时,恰好又有一辆公交车从甲站开出。问他从乙站到甲站用了多少分钟?

方法一:用分析间隔的方式来解答。

骑车人一共看到 15 辆车,他出发时看到的是 1 小时前发的车,此时第 7 辆车正从甲发出,骑行过程中,甲站发出第 7 到第 15 辆车,共 9 辆,有 8 个 10 分钟的间隔,时间是 $10×8=80$(分钟)。

方法二:用柳卡的运行图方式来解答。

第一步:在平面上画两条平行线分别表示甲站与乙站,由于每隔 10 分钟有一辆公交车从甲站出发,所以把表示甲站与乙站的直线等距离划分,每一小段表示 10 分钟,如图 9 所示。

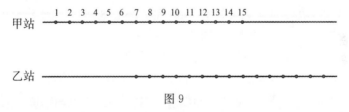

图 9

第二步:因为公交车走完全程要 60 分钟,所以连接图中的 1 号点与 A 点(注意:这两点在水平方向上正好有 6 个间隔,这表示从甲站到乙站的公交车走完全程要 60 分钟),然后再分别过等分点作一组与它平行的平行线表示从甲站开往乙站的公交车,如图 10 所示。

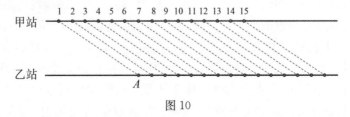

图 10

第三步:从图 10 中可以看出,要想使乙站出发的骑车人在途中遇到 15 辆迎面开来的公交车,那么从 A 点引出的线必须和 15 条平行线相交(包括过起点和终点的平行线),这正好是图中从 2 号点至 15 号点引出的平行线。

从图 11 中可以看出,骑车人正好经历了从 A 点到 B 点这段时间,因此自行车从乙站到甲站用了 $10 \times 8 = 80$(分钟),对比前一种解法可以看出,采用运行图来分析要直观得多!

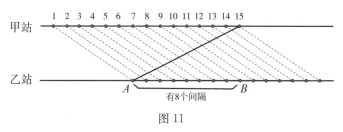

图 11

"扩大"的洞与三维空间

在纸上按照 5 角硬币的大小剪下 1 个小洞,试着让 1 元的硬币通过,发现是无法办到的。

将纸片对折,使得圆洞变成两个半圆,然后小心地将 1 元硬币放在对折的纸片中间,轻轻拉动纸,发现硬币从圆中掉了出来

数学原理:操作过程中洞口并没有被扯破,硬币怎么可以一下通过呢?原因在于,纸上剪出的这个洞口在平面上时,属于二维空间,当我们将纸片对折的时候,这个时候的圆洞在三维空间里就成为一个椭圆了,此时椭圆的长径会大于原来圆形的直径,因此 1 元的硬币能轻松通过。

蚂蚁是典型的只适应二维空间的昆虫,它们只对确定的平面空间有感知,而不知立体空间。蚂蚁爬树不是因为想上爬多少高度,而是循着气味而去的,它们在树上只会感知到前后和左右。

有人做过这样的游戏:一群蚂蚁搬运一块食物向巢里爬去,我们用针把食物挑起,放在它头上很近的地方,所有蚂蚁只会前后左右在一个面上寻找,决不会向上搜索。对于蚂蚁来说,眼前的食物突然消失实在是个谜。当它们依据自己的认知能力在长、宽确立的面上遍寻不着时,这块食物对它们来说就是神秘失踪了,因为这块食物已由二维空间进入到三维空间里。只有我们把这块食物再放在它们能感知到的面上,蚂蚁才可能重新发现它。这对于蚂蚁来说,却又是神秘出现了。

牛皮圈地

在希腊传说中,托罗国王莫顿有个聪明漂亮的公主叫迪诺。迪诺在她的王国里过着幸福快乐的生活,自由自在、无忧无虑,可是好景不长,由于发生了政变,她的丈夫被她的哥哥塞浦路斯王杀死了。

为了免于追杀,迪诺逃亡到了非洲西海岸,她想在这儿生活下来,于是她拿出随身携带的珠宝、玉器、金币,打算从当地酋长那里买块土地盖房子。迪诺对酋长说:"我只要用一张牛皮包起来的地方。"酋长想也没想,一块牛皮包起的地方能有多大啊,觉得自己捡了个大便宜,于是爽快地答应下来。迪诺买了一头公牛,把它杀了,剥下皮来,把牛皮剪成长长的细条,用牛皮条来圈地。她在海边把绳子弯成一个半圆,一边以海为界,圈出了一块相当大的面积的土地。后来,迪诺在那儿建立了迦太基城,因此迦太基的卫城又叫柏萨(Byrsa),意为"一张牛皮"。

迪诺公主巧妙地运用数学知识解决了一个极大值的问题。第一,公牛的牛皮面积是一定的,把牛皮剪成细绳加以围地,就能圈出比用牛皮覆盖出的面积多得多的土地。第二,以海边为界,省下了海岸线,这就节省了一部分牛皮,使省下的牛皮可以圈出更多的土地。第三,迪诺公主圈出的形状是一个半圆。在各种形状中,周长一定的情况下,圆有最大的面积。因为依海,因此圈成半圆,其面积是最大的。

怎样剪出一个最大的圆圈?

材料:一张 A4 纸,一把剪刀。

问题:一个人能从剪出的圆圈中钻过去吗?

步骤:

(1)如图 12,把纸沿着中线对折,这里一定要折整齐哦,不然后面容易剪坏掉,长与长相对。

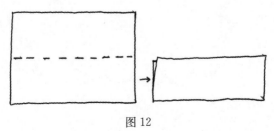

图 12

(2)如图 13,将对折折痕的这一边按同等宽度剪成条状,不要剪到底,留出安全距离。这里不能太细,不然容易断,也不能太粗,不然剪出来的圆圈会不够大,一般在 1~1.5 cm。

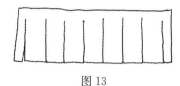

图 13

(3)如图 14,在纸的另一边沿着之前剪的条状中间剪开,同样也是不能剪到底,不然圆圈就散掉了。

图 14

(4)如图 15,将折痕这边全部剪开。注意,这里第一条和最后一条不用剪开,剪开的话就成一条直线了。

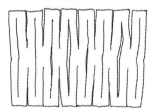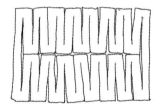

图 15

(5)最后,拉开剪好的纸,一个可以让人钻过去的大圆圈就剪好了,如图 16 所示。

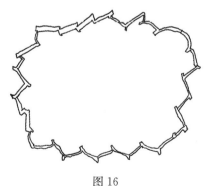

图 16

爱听故事是少年儿童的天性,这些闪烁着智慧光芒的故事能与儿童的心弦发生共鸣,激起每一个儿童浓厚的兴趣和求知欲望。也正是这些耐人寻味的故事,像一只看不见的手,悄悄地打开孩子们心中的天窗,告诉他们如何去观察和分析周围的事物,引导他们进行积极的思索,启发他们展开丰富的想象,去进行有益的推理和判断。

孙子问题

孙子问题记载于中国古代约公元4、5世纪成书的《孙子算经》之中:"今有物不知其数,三三数之剩二;五五数之剩三;七七数之剩二,问物至少几何?"

这道题如变成一个纯粹的数学问题就是:有一个数,用3除余2,用5除余3,用7除余2,求这个数最小是多少。

此题的答案:23。

明朝数学家程大位在他写的《算法统宗》(1592年)中用四句很通俗的口诀诠释了此题的解法:三人同行七十稀,五树梅花廿一枝。七子团圆正半月,除百零五便得知。

其中"廿一"指21,"正半月"指15,这四句口诀的意思是:当除数分别是3、5、7时,用70乘被3除的余数,用21乘被5除的余数,用15乘被7除的余数,然后把这三个乘积相加。如果相加的和小于105,则这个和即是答案。如果相加的和大于105,就用所得的和除以105,所得的余数就是满足题目要求的最小正整数解。

按这四句口诀的方法计算上题可得:

$$70 \times 2 + 21 \times 3 + 15 \times 4 = 263$$

$$263 \div 105 = 2 \cdots\cdots 53$$

所以,这些物体至少有53件。

在这种方法里,我们看到:70、21、15这三个数很重要,稍加研究,可以发现它们的特点是:

70是5与7的倍数,用3除余1;

21是3与7的倍数,用5除余1;

15 是 3 与 5 的倍数,用 7 除余 1。

因而:

70×2 是 5 与 7 的倍数,用 3 除余 2;

21×3 是 3 与 7 的倍数,用 5 除余 3;

15×4 是 3 与 5 的倍数,用 7 除余 4。

如果一个数用 a 除余数为 b,那么给这个数加上 a 的一个倍数以后再除以 a,余数仍然是 b。所以,把 70×2、21×3 与 15×4 相加起来所得的结果能同时满足"用 3 除余 2、用 5 除余 3、用 7 除余 4"的要求。

一般地,$70m+21n+15k(1\leqslant m<3,1\leqslant n<5,1\leqslant k<7)$ 能同时满足"用 3 除余 m、用 5 除余 n、用 7 除余 k"的要求。除以 105 取余数,是为了求合乎题意的最小正整数解。

凡是三个除数两两互质的情况,都可以用上面的方法求解。

上面的方法所依据的理论,在中国称之为"孙子定理",国外的书籍称之为"中国剩余定理"。在西方,与《孙子算经》同类的算法最早见于 1202 年意大利数学家斐波那契的《算盘书》,但同样没有证明。直到 1801 年,高斯的《算术研究》才给出了与秦九韶"求一术"同类的算法。

有多少客人?

夏天的傍晚,有一位老奶奶挎着满满一大篮子碗筷,到渡口去洗刷。

河水静静地流着,一群群小鱼游到老奶奶面前,追逐、争食,不时地泛起一朵朵小的浪花。

一条披着太阳余晖的渡船慢慢驶到渡口,靠了岸。老爷爷和他的小孙子把船锁好,准备回家。当看到刷碗的老奶奶和她身边一大堆饭碗时,老爷爷禁不住地问:"你怎么洗这么多碗?"

"今天家里有客人来。"老奶奶高兴地回答说。

"来了多少客人,用这么些碗?"

"那就请你老人家猜一猜吧。"

老爷爷哈哈大笑起来,说:"这叫我咋猜?"

老奶奶稍稍想了想,说:"今天客多,碗少,客人们 2 个人同用 1 个饭碗,3 个人同喝 1 碗汤,4 个人同吃 1 碗菜。总共用了 65 个碗,你算算有多少客人?"

老爷爷边听边琢磨。过了一会儿,老爷爷还没猜出来,他那十几岁的小孙子却说："我知道有多少客人。"

老爷爷还不太相信地问："你算出来了?"

小孙子说："一共是 60 个客人。"老奶奶不禁一惊："是 60 个客人,算对了。这孩子真聪明。"

老爷爷慈爱地抚摸着孙子的头,高兴地问："你是怎么算出来的?"

小孙子掰着手指头,不慌不忙地算起来："因为 2、3、4 的最小公倍数是 12,所以把 12 个人分成一组,每一组共用 6 个饭碗、4 个汤碗、3 个菜碗,共 13 个碗。现在有 65 个碗,可分成 65÷13＝5(组),5×12＝60(人)。"

老爷爷和老奶奶连连点头,夸奖小家伙聪明。

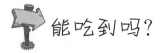 能吃到吗?

一天中午,有八个人到一家饭馆吃饭。开始上菜了,大家的座位还没分好,有说按年龄的,有说按职务的。这时候,站在旁边的老板说话了："朋友们,大家不要谦让了,先坐下来,听我说一句。"

大家不知道他要发表什么高见,就随便坐下等他的下文。"请你们选一位朋友把现在入座的情况记下来,谁挨着谁要记准确。明天你们再来吃午饭时,按着我安排的另一个次序坐,后天再来,再按一个新的次序坐。这样,每天都按不同的次序入座。等你们八个人的次序都变换完了,再不会有新的次序出现,从那一天开始,我可以每天免费供应你们最好的午餐,你们想吃什么菜,就上什么菜。"

"真的吗? 你说话可算数?"大家对老板新鲜而慷慨的建议动心了。

"大家放心! 一言既出,驷马难追。我可以给大家立个字据。"

"好! 一言为定!"八个人怀着一种激动的心情开始吃饭。

以后,大家每天中午都到这里吃饭,好争取早点享受到免费吃饭的乐趣。

一连吃了几个月,新的次序仍然层出不穷。大家不免有些扫兴。因为他们原来想,也就一两个月,就可以享受到免费午餐了。

后来,有一个人把这件事告诉了中学时候的数学老师。老师禁不住哈哈笑起来,说："这么简单的账都算不过来,还想去占便宜。你们是等不到免费午餐了。"

"我们吃十年二十年,还能等不到吗?"

"那我就给你算算吧。"老师拿出笔和纸,边算边说,"我们先用一个简单的例子来分析。假设是甲、乙、丙三个人去用餐,共有三个座位可选。甲先选,有三种方法。甲按其中的一种方法坐下后,乙再选。这时乙有两种选法。乙按其中的一种方法坐下后,丙再选。这时丙只有一种选法。算式为 3×2×1＝6,共有 6 种方法。再假设有四个人去用餐,共有四个座位可选。同样,第一个人先选座位,共有四种方法,第一个人按其中的一种方法坐下后,第二个人再选。这时第二个人有三种选法。第二个人按其中的一种方法坐下后,第三个人再选。这时第三个人有两种选法。第三个人按其中的一种方法坐下后,第四个人再选。这时第四个人只有一种选法。算式为 4×3×2×1＝24,共有 24 种方法。再假设去五个人,容易得到,座次排列就有 5×4×3×2×1＝120(种)。算到八个人去就餐,就会有 8×7×6×5×4×3×2×1＝40320(种)不同的排列次序。按每年 365 天计算,需110.16 年。你们虽然现在很年轻,恐怕也等不到那一天吧!"

八个人傻眼了,他们完全没料想到,那顿让人激动的免费午饭竟那么遥远。

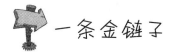 一条金链子

夜色渐渐笼罩了巴黎。

徐悲鸿走进一家旅店,准备登记住宿。一摸口袋,发现钱包没有了,找遍全身,也不见钱包的踪影。他断定是在途中让小偷偷去了。徐悲鸿是中国二十世纪最著名画家,这次他是来巴黎参加一个美术研讨会的。

他身上分文没有,幸好提包里还有 1 条金链子能帮助他解脱困境。他便拿出来,对旅店老板说:"我的钱叫小偷拿去花了,我用这金链子顶食宿费可以吗?"

身体肥胖的旅店老板接过金链子,凑近灯光,眯细眼睛看了看,又用手掂了掂,说:"可以,1 天要付 1 环。你这链子是——"他边数边说,"1、2……共 23 环。"

徐悲鸿很痛快地答应了。

老板见徐悲鸿穿得有些土里土气,憨厚得像个乡下佬,便觉得有机可乘。他摆弄着金链子,用狡黠的目光瞅着徐悲鸿说:"这金链子很漂亮,把它一环一环敲开太可惜了,那等于你给了我 1 件废物。这样吧,先生,你只能敲断 4 环,最多 5环,否则,你必须每天用 3 环来顶账。"

徐悲鸿看透了老板的用心。他思索了一下,说:"我只要敲断两环,就能每天付给你 1 环。"

"只敲断两环?"老板感到意外。他纳闷地想:23 环的金链子,只敲断两环,怎么就能每天不多不少付给我 1 环呢? 想来想去,他断定这是不可能的,就对徐悲鸿说:"如果你真的只敲断两环就能做到每天付给我 1 环,到最后我 1 环不少地还给你。"老板显示出慷慨的样子,接着又说:"你如果多敲断 1 环,我就每天多收你

1 环。"

双方就这样谈定了。徐悲鸿住进了高级房间,生活得很舒适。23 天过去了,老板不得不十分心疼地把金链子一环不少地还给了徐悲鸿。

徐悲鸿是怎样敲开金链子,使老板的贪心落空的呢?

原来,徐悲鸿只敲断了金链子的第 7 环和第 11 环,这样,本来 23 环的金链子变成了各有 6 环、1 环、3 环、1 环、12 环的 5 条。第 1 天,把敲断的 1 环给老板。第 2 天再把敲掉的另 1 环给老板。第 3 天,把 3 个环连在一起的那 1 条给老板,同时收回已经给了老板的那两环。第 4 天、第 5 天,再把单独的两环给老板,这时,老板手里已经有 5 环了。第 6 天,把 6 个环连在一起的那 1 条给老板,同时收回老板手中的 5 环。第 7、8、9、10、11 这 5 天,重复前 5 天的做法,这时,老板手里有了 11 环。第 12 天,把 12 个环连在一起的那条给老板,同时要回老板手中的 11 环。从第 13 天开始,直到最后 1 天,完全重复前 11 天的做法。这样,23 天正好付给旅店老板 23 环,而整条金链子只敲断了两环。

最大和最小

谷超豪是我国著名的数学家。他小时候很喜欢看书,特别是那些生动有趣的自然科学书,一看就入迷。读书多,使他丰富了知识,发现了许多奇妙的问题。渐渐地,他变得比别人聪明起来了。

他在上中学的时候,有一次,数学老师讲完"乘方"知识,与同学们做了个数学游戏。

"游戏的第一个题目是:用四个'1'组成一个最小的数。"老师伸出四个指头,说,"不准用任何运算符号,看谁组得又快又准。"

同学们的兴趣一下子被调动起来。

"报告老师,最小的数是 1111。"对这个同学的抢先回答,老师没有表态。

"组成的最小数是 111^1。"第二个同学举手站起来回答。老师摇一摇头。

有个同学在草稿纸上列出了 11^{11} 的式子进行计算,结果这个数要比 1111 大很多,自然也就打消了回答的念头。

这时,谷超豪举手,站起来回答说:"用四个'1'组成的最小数是 1^{111}。"

"这个数是几?"老师追问道。

"是 1,因为 111 个 1 相乘还得 1。"

老师点一点头,说:"你能不能把四个'1'组成的数,按照从小到大的顺序排列起来?"

谷超豪立即在黑板上写了这样一行数字:$1^{111}<111^1<1111<11^{11}$。

"同学们,"老师高兴地说,"刚才是第一个游戏——组成最小的数;下面做第二个游戏——用三个'9'组成一个最大的数。"

有的同学很快回答道是 999,有的同学认为这个答案不对,应该是 99^9,还有的同学提出最大的数应是 9^{99}。

回答到这里,大家都沉默了。老师微笑地看着大家,期待着还有同学起来发言。

最后,谷超豪举手回答说:"9^{9^9} 最大。"

"你再算一算,9 的指数是 9 的 9 次方,9 的指数到底是多少?"老师很高兴。

通过计算,谷超豪回答出,9 的指数是:$9^9=387420489$。也就是说,$9^{9^9}=9^{387420489}$。

不难看出,$9^{387420489}$ 要比 9^{99} 大得多,而 9^{99} 又比 99^9 大,最小的是 999。老师要求同学们按照由大到小的顺序,把这四个数排列起来。并由一个同学在黑板上写出:$9^{9^9}>9^{99}>99^9>999$。

"同学们,乘方可以使一个很小的数变得异常大。"老师总结说,"$9^{9^9}=9^{387420489}$,这个数大到计算起来都十分困难。如果用笔计算,平均每 10 秒钟计算完一次乘方,昼夜不停,要把 9 的 387420489 次方算完,大约需要 150 多年。计算出的这个数字,用五号字排列起来,长约达几千亿千米……"

神奇的莫比乌斯环

公元 1858 年,德国数学家莫比乌斯(Mobius,1790—1868 年)和约翰·李斯丁发现:把一根纸条扭转 180°后,两头粘起来做成的纸环,具有魔术般的性质。普通纸带具有两个面(即双侧曲面),一个正面,一个反面,两个面可以涂成不同的颜色。而这样的纸带只有一个面(即单侧曲面),一只小虫可以爬遍整个曲面而不必跨过它的边缘,这种纸环被称为"莫比乌斯环"。

那么,这么神奇的纸环是怎样发现的呢?

据说在一次聚会时,大家都谈论着一个小游戏:先用一张宽 3 cm、长 30 cm 的白纸条,首尾相粘做成一个纸圈,然后在这个纸圈上涂颜色。要求只能用一种颜色,在纸圈的一个面上涂抹,最后把整个纸圈全部涂上颜色,不能留下一点儿空白。

莫比乌斯对此产生了浓厚的兴趣。他长时间专心思索、试验,但也毫无结果。

有一天,他搞得简直有些头昏脑涨了,便到野外去散步。新鲜的空气、清凉的微风使他顿时感到轻松、舒适。但他的头脑仍被那个尚未找到的纸环盘踞着,他竟忘记了自己是在田野里,一片片肥大的玉米叶子,在他眼里也成了"绿色的纸条",他不由自主地蹲下去,摆弄着、观察着。玉米叶子弯曲着耷拉下来,有许多拧成半圆形,他劈下一片,顺着叶子自然扭的方向对成一个圆环,他发现,这个"绿色的圆环"就是他梦寐以求的那种圆环!

在田野里得到启发,莫比乌斯立即赶回办公室,裁出纸条,做成了只有一个面、一条封闭曲线作边界的纸环。他是这样做的:把纸条的一端扭转180°,再与另一端粘在一起。

圆环做成后,莫比乌斯捉了一只小甲虫,放在上面让它爬。结果,小甲虫不翻越任何边界而爬遍了圆环的所有部分。莫比乌斯激动地说:"公正的小甲虫,你无可辩驳地证明了这个纸环只有一个面。"

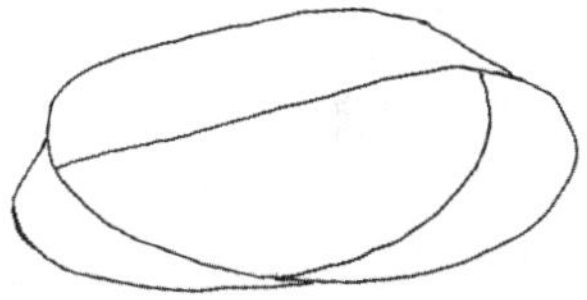

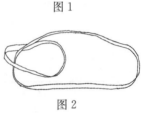

这个极其简单而又奇妙的纸环,竟震动了整个科学界,人们叫它"莫比乌斯环",如图1所示。

图1

如果把裁好的一张纸条正中画一条线,粘成"莫比乌斯环",再用剪子沿中线把它剪开,这样,这个环一分为二,照理应得两个环,奇怪的是,剪开后不是两个环,而是一个大环。同样,如果在纸条上画两条线,把纸条分成三等份,再粘成"莫比乌斯环",用剪刀沿画线剪开,剪刀绕两环竟然又回到了出发点,得到的既不是一个大环,也不是三个环,而是一个大环套着一个小环,如图2所示。

图2

莫比乌斯环的概念在生活中被广泛地应用到了建筑、艺术、工农业生产中。车站、工厂的传送带,常见的是"常环"结构,缺点是传送带的一面会有较多的磨损。如果将传送带做成"莫比乌斯环"的形状,使磨损分布到"两面",可延长使用周期一倍。运用"莫比乌斯环"原理我们可以建造立交桥和道路,避免车辆和行人的拥堵。另外,游乐园中的过山车也是运用"莫比乌斯环"的特性,来使过山车在轨道两面通过。

数学中有一个重要分支叫"拓扑学",是研究几何图形连续改变形状时的一些特征和规律的,"莫比乌斯环"便成了拓扑学中最有趣的问题之一。

一个如此简单的纸环,却饱含着人类的智慧。后来,在美国华盛顿一座博物馆的门口,建了一座奇特的数学纪念碑,碑上是一个高约2.4米的不锈钢"莫比乌斯环"。它日夜不停缓缓地旋转着,带给人们美感享受的同时,又昭示出人类正如它一样永无休止地前进着。

克莱因瓶

与莫比乌斯环类似,1882 年,德国几何学大家菲利克斯·克莱因(Felix Klein)发现了后来以他的名字命名的著名"瓶子"——克莱因瓶,图 3 为克莱因画像。克莱因瓶的结构可表述为:一个瓶子底部有一个洞,现在延长瓶子的颈部,并且扭曲地进入瓶子内部,然后和底部的洞相连接。和我们平时用来喝水的杯子不一样,这个物体没有"边",它的表面不会终结。

图 3

它的神奇之处就在于,普通的球都是有两个面——外面和内面,如果一只蚂蚁在一个球的外表面上爬行,那么无论如何它都无法爬到内表面上去的,除非是在球上开个洞。轮胎也类似于一根管子黏合两端而成的物体,可是轮胎面也是一样,有内外表面之分。但是克莱因瓶却不同,它是一个像球面那样封闭的(也就是说没有边)曲面,但是它却只有一个面。它和球面不同,一只苍蝇可以从瓶子的内部直接飞到外部而不用穿过表面,即它没有内外之分。

图 4

克莱因瓶在三维空间中是无法实现的,也无法做出它的实际的模型,我们只能去想象它的样子。图 4 是在三维空间模拟的想象图,但它不是真实的克莱因瓶,因为四维空间里用来制作克莱因瓶的管子只是扭曲而没有穿过自身。

如果我们把两条莫比乌斯带沿着它们唯一的边黏合起来,你就得到了一个克莱因瓶(必须在四维空间中才能真正有可能完成这个黏合,否则的话就不得不把纸撕破一点)。同样地,如果把一个克莱因瓶适当地剪开来,我们就能得到两条莫比乌斯带。克莱因瓶也是拓扑学中最有趣的问题之一。

有关四色猜想的故事

一、王子分国土

据传说,以前有个国王已经年老,病倒在床上。他深深忧虑着整个王国将来的命运。他最担心他的五个儿子在他死后为争夺王位互相倾轧、残杀,给侵略者可乘之机,把个好端端的王国葬送掉。

国王的病情在日益加重。这一天,他把五个王子、宰相和另外几位重要的大臣叫到跟前说:"我不在以后,你们可把王国的国土分成五个区域,你们每人统治一个区域,区域的大小和形状,可以任意规定;谁统治哪个区域,可以协商解决。但有一个条件是必须共同遵守的,就是任何一个区域必须与其他四个区域有一条共同的边界线。"

国王让几位大臣把他的这番话写下来,监督五个儿子执行。最后,国王把一个锦囊亲手交给他信赖的宰相,说:"你把这个锦囊收藏好,如果他们五个遇到解决不了的难题,可以打开让他们看看,他们就知道该怎么做了。"

国王很快去世了。他的五个儿子便想瓜分国土,各霸一方。五个王子把几个大臣召集到一块儿,要他们按照国王的遗嘱,先在地图上把国土划分成五块。可是,画了好多天,变换了无数画法,也不能使五个区域中的任何一个区域跟其他四个区域都有条共同的边界线。

五个王子很不满意大臣们的无能,便亲自动手。然而,绞尽脑汁,想方设法,依旧画不出符合国王遗嘱的地图。他们只好从宰相那里要了密封的锦囊,打开来看。里面有国王的亲笔字:"兄弟之间要团结、信任、谅解、谦让,不要让权欲驱使你们去分割埋葬着祖先的国土,那是一种耻辱和罪恶。五个人要共同治理好王国,使我在九泉之下安心。"

王子们明白了国王的意图,也就不再瓜分国土了。聪明的国王用自己的锦囊妙计教育了五个儿子,维护了国土的统一。可他并不知道,他提出的划分领土的难题,就是世界数学名题之一——四色猜想。

二、四色猜想的由来

相传四色猜想是一名英国绘图员提出来的,此人叫弗南西斯·格斯里。1852年,他在绘制英国地图时发现:如果给相邻地区涂上不同颜色,那么只要四种颜色就足够了。需要注意的是,任何两个国家之间如果有边界,那么其边界不能只是一个点,否则四种颜色就可能不够,这是为什么呢?

格斯里把这个猜想告诉了在大学里当助教的哥哥。哥哥认真思考了这个问题,结果既不能证明也找不到反例,于是请教自己的老师、著名数学家德·摩根。德·摩根也解释不清,当天就写信告诉了自己的同行、天才哈密顿。可是直到哈密顿1865年逝世,也没有解决这个问题。从此这个问题在一些人中间传来传去。当时三等分角和化圆为方问题已在社会上"臭名昭著",而"四色瘟疫"又悄悄地传播开来了。

三、尴尬的一堂课

19世纪末德国有位天才的数学教授叫闵可夫斯基,图5为他的画像,他曾是爱因斯坦的老师。爱因斯坦因为经常不去听课便被他骂作"最没出息的人"。万万没想到就是这个"最没出息的人"后来创立了著名的狭义相对论和广义相对论。闵可夫斯基受到很大震动,他把相对论中的时间和空间统一成"四维时空"。这是近代物理发展史上的关键一步。

图 5

闵可夫斯基把爱因斯坦骂作是"最没出息的人"已经很尴尬了,可是,还有一件事,也让他心情不爽,事情是这样的:一天闵可夫斯基刚走进教室,一名学生就递给他一张纸条,上面写着"如果把地图上有共同边界的国家涂成不同颜色,那么只需要四种颜色就足够了。您能解释其中的道理吗?"

闵可夫斯基微微一笑,对学生们说:"这个问题叫四色猜想,是一个著名的数学难题。其实它之所以一直没有得到解决,仅仅是由于没有优秀的数学家来解决它。"为证明纸条上写的不是"一道大餐"而只是"小菜一碟",闵可夫斯基决定当堂解决,把问题变成定理。

下课铃响了,可还没有做出来,并且一连好几天都解决不了。后来有一天闵可夫斯基走进教室时,忽然雷声大作,他借此自嘲道:"哎!上帝在责备我狂妄自大呢!我解决不了这个问题。"

100多年来,数学家们既没能证明"四色猜想"的成立,又没能证明它的不存在,于是,它成了世界数学名题之一。

四、四色定理的证明与局限性

计算机问世后,由于演算速度迅速提高,加之人机对话的出现,大大加快了对四色猜想证明的进程。美国伊利诺斯大学哈肯与阿佩尔合作编制了一个程序,在1976年6月,他们在美国伊利诺斯大学的两台不同的电子计算机上,用了1200个小时做了100亿次判断,终于完成了四色定理的证明,轰动了世界。

这是100多年来吸引许多数学家与数学爱好者的大事。当两位数学家将他们的研究成果发表的时候,当地的邮局在当天发出的所有邮件上都加盖了"四色定理"的特制邮戳,以庆祝这一难题获得解决。

"四色猜想"的证明不仅解决了一个历时100多年的难题,而且成为数学史上一系列新思维的起点。在"四色猜想"的研究过程中,不少新的数学理论随之产生,也发展了很多数学计算技巧,如将地图的着色问题化为图论问题丰富了图论的内容。不仅如此,"四色猜想"在有效地设计航空班机日程表、设计计算机的编码程序上都起到了推动作用。

现在,仍有许多数学家和数学爱好者并不满足于计算机取得的成就,他们认为应该有一种简捷明快的书面证明方法。他们仍然在为此不懈努力。

虽然四色定理证明了任何地图都可以只用四个颜色着色,但是这个结论在现实中的应用却相当有限。现实中的地图常会出现飞地,即两个不连通的区域属于同一个国家的情况,例如美国的阿拉斯加州,而制作地图时我们仍会要求这两个区域被涂上同样的颜色,在这种情况下四个颜色将会是不够用的。

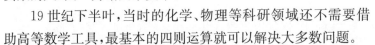

为何诺贝尔不设数学奖?

阿尔弗雷德·贝恩哈德·诺贝尔(Alfred Bernhard Nobel)是瑞典杰出的化学家、工程师、发明家、企业家,图6是他的画像。他一生共获得技术发明专利355项,其中以硝化甘油制作炸药的发明最为闻名。不仅如此,他还在欧美等五大洲20个国家开设了约100家公司和工厂,积累了巨额财富。

图6

1895年,弥留之际的诺贝尔立下遗嘱,将他遗产的大部分(约920万美元)作为基金,以其年息(每年20万美元)设立物理学奖、化学奖、生理学或医学奖、文学奖以及和平奖5种奖金(1969年瑞典银行增设经济学奖)以嘉奖对世界发展做出卓越贡献的人,图7为诺贝尔奖章。

图7

19世纪下半叶,当时的化学、物理等科研领域还不需要借助高等数学工具,最基本的四则运算就可以解决大多数问题。

于是有学者猜测,诺贝尔不设立数学奖是因为他觉得数学不重要。他无法预见未来数学在各学科发展中的重大推动作用,在他看来,数学无法"为人类做出卓越的贡献"。

也有学者认为,作为实业家的诺贝尔希望鼓励的是那些对世界做出实际性贡献的发明和发现,数学作为一门理论学科,无法在实业上有重大贡献。

另有学者认为,这件事可能与诺贝尔的爱情受挫有关,诺贝尔有一个比他小13岁的女友,维也纳女子萦菲·赫斯(Sophie Hess),后来诺贝尔发现她和一位数学家私下交往甚密。对于他的女友和那位数学家私奔一事,诺贝尔一直耿耿于怀,直到生命的尽头诺贝尔还是个单身汉。也可能正是这件事让诺贝尔在叙述"诺贝尔基金会奖励章程"时把数学排除在外。

虽然没有人知道诺贝尔没有设立诺贝尔数学奖的确切原因，但不可否认的是，尽管没有诺贝尔数学奖，但20世纪以来，数学研究和发展的脚步从未停歇过。

诺贝尔奖中没有数学这个科学之"王"的份额，使得数学这个重要学科失去了一个在世界上评价其重大成就和表彰其卓越人物的机会。

但时至今日，我们都非常清楚，数学作为一门基础学科，是所有科学研究的必备工具。物理、化学、生理与医学、经济学这些诺贝尔奖项里的学科，没有一个学科离得开数学，甚至可以说所有这些诺贝尔奖其实都是颁给数学家的。

赌博引出的概率论

1654年的一天，法国的一个赌徒梅雷和国王的侍卫官赌掷骰子，两人都下了30枚金币的赌注。他们约定：梅雷先掷出3次6点，就可以赢得60枚金币；侍卫官若先掷出3次1点，也可以赢得60枚金币。

说好条件后，在众多赌徒和好奇之人的围观下，他们就开始掷骰子了。然而，正当梅雷掷出2次6点，侍卫官掷出1次1点，赌博快要结束的时候，国王的卫队来了，要求侍卫官立即回王宫，梅雷和侍卫官只好终止了赌博。然而，就是这场终止了的赌博引出一个重要的问题：赌博还没完，如何分配赌注呢？赌徒梅雷和侍卫官两人争论不休，互不让步。

梅雷说："我只要再掷出1次6点，就可以赢得全部金币。"侍卫官却说："如继续赌下去，我要有2次好机会才能取胜，而你只需有1次就够了，是2∶1，所以你只能取走全部金币的$\frac{2}{3}$，即40枚金币。"两人互不相让，赌注也无法分配。

梅雷为了得到这笔赌注，对这个问题分析了很久。他越想越觉得自己提出的分法是合理的，但又说服不了侍卫官，怎么办呢？他将这个问题写信请教了当时法国著名的数学家和物理学家帕斯卡。梅雷心想，如果数学家认为我的分法是正确的，那么侍卫官总要服从了吧！

他提出的问题是："两人规定谁先赢S局就算赢了，若一人赢了$A(A<S)$局，另一人赢了$B(B<S)$局时，赌博终止了，应该怎样分配赌注才算公平合理？"

为了解决这一问题，帕斯卡与另一位法国数学家费马共同探讨。假如继续赌下去，不论是梅雷或侍卫官谁赢，最多只要两局就可以决定胜负，不妨用m表示梅雷赢，用n表示侍卫官赢，那么有4种情况：mm、mn、nm、nn。只要m出现一次或一次以上就应该算赌徒梅雷赢，这种情况有3种。只要n出现两次就算侍卫官赢,这种情况有 1 种。故赌注应该按 3∶1 的比例来分,梅雷占 $\frac{3}{4}$,即 45 枚金币;侍卫官占 $\frac{1}{4}$,即 15 枚金币。

在随后的一些年里,帕斯卡、费马和荷兰数学家惠更斯对概率问题进行了许多研究。概率论的第一批专门概念,如数学期望和定理都相继产生了。他们所采用的方法与理论,就是概率论的雏形。

数学史上把 1654 年 7 月 29 日,就是帕斯卡写信给费马探讨梅雷问题的日子,作为概率论的诞生之日。

概率论是对各种随机事件的规律进行研究的科学。今天它已成为数学最重要的分支之一,广泛应用于自然科学、工程技术、社会科学等科学技术中,也是近代经济学理论、社会学理论和管理科学必不可少的研究工具。由于概率论的历史有这样一段故事,研究的对象又都和赌博一样是随机的,所以有人说,概率论是一门"赌徒的科学"。

从蜘蛛说起

笛卡尔是 17 世纪法国著名的数学家和哲学家。有一次,他病倒在床上。虽然身体有病,但头脑怎么也闲不下来,反复琢磨着一个数学问题。他想:"几何图形是直观的、形象的,代数方程则比较抽象,能不能把这两门学科结合起来呢?"

他思来想去,觉得关键是把组成几何图形的"点"和满足方程的每一组"数"挂上钩。可是,通过什么方法把二者结合起来呢?

突然,他发现墙角有一只蜘蛛正忙着结网。它一会儿在天花板上爬来爬去,一会儿顺着吐出的丝垂下来,在空中摆动,一会儿又顺着丝爬上去,来来往往,忙个不停。

笛卡尔被深深吸引住了,他的视线随着蜘蛛在空中移来移去。蜘蛛的"表演"使笛卡尔的思路豁然开朗,他想:悬在空中的蜘蛛不就是一个能移动的点吗? 蜘蛛在屋子里可以上、下、左、右移动,能不能用两面墙和天花板来确定它所在的位置呢?

他仔细地观察了好一会儿,视线慢慢由墙壁、天花板移到两面墙的交线以及墙与天花板的交线上。他的两眼突然放出兴奋的光芒。

"可以,完全可以!"他情不自禁地自言自语着,激动得忘记了自己是个病人,忙找来纸和笔,画起了图形。他画出三条相交的线,代表相邻的两面墙及它们与天花板交出的互相垂直的三条线,在空间用一个点 A 代表蜘蛛。由点 A 到两面墙的距离用 x 和 y 表示,到天花板的距离用 z 表示。

"这样,x、y、z 分别有了准确的数值,点 A 的位置不就可以确定了吗?"笛卡尔由对墙壁、天花板的观察转入了对图的思索、探究。他的思路就像春天刚刚解冻的小溪,变得异常活跃、顺畅。

他又想:"相邻的两面墙与天花板有三条交线,如果把三条交线的交点(墙角)作为计算的起点,把三条交线改为标有数字的数轴,空间的任何一点不就可以与三条数轴建立关系,用三条数轴上三个有顺序的数来表示了吗?"

想到这,他急忙在图中的三条线上,分别标出有大小顺序的数字,他用 A 代表空间的一点,果然在数轴上找出了相对应的数。反过来,三个有顺序的一组数,也可以用空间中的一个点来表示它们了,数和形终于建立起了联系。

正是在蜘蛛结网的启发下,笛卡尔创立了一门新的数学分支——解析几何。

在解析几何里,用三条互相垂直的线组成的坐标叫"笛卡尔坐标"。在笛卡尔坐标中,可以把几何图形通过坐标转化成代数方程来研究,也可以画出方程的图形来研究方程。在解析几何中,动点的坐标就成了变数,这是数学第一次引进变数。这对数学及科学技术的发展起到了非常重要的作用。

一封浪漫的情书

勒内·笛卡尔是法国著名哲学家、物理学家、数学家、神学家,出生于法国安德尔-卢瓦尔省的图赖讷拉海(现改名为笛卡尔以纪念这位伟人),逝世于瑞典斯德哥尔摩。

笛卡尔对现代数学的发展做出了重要的贡献,因将几何坐标体系公式化而被认为是解析几何之父,他所建立的解析几何在数学史上具有划时代的意义。笛卡尔是二元论的代表,留下名言"我思故我在",是欧洲近代哲学的奠基人之一,黑格尔称他为"近代哲学之父"。笛卡尔堪称 17 世纪的欧洲哲学界和科学界最有影响力的巨匠之一,被誉为"近代科学的始祖"。

相传,关于笛卡尔还有一个浪漫凄美的爱情故事呢。1649 年,斯德哥尔摩的街头,52 岁的笛卡尔邂逅了 18 岁的瑞典公主克里斯汀,他们的画像如图 8 所示。那时,落魄、一文不名的笛卡尔过着近

图 8

乎乞讨的生活,全部的财产只有身上破破烂烂的衣服和随身所带的几本数学书籍,每天只是默默地低头在纸上写写画画,潜心于他的数学世界。

一个宁静的午后,笛卡尔照例坐在街头,沐浴在阳光中研究数学问题。他如此沉溺于数学世界,身边过往的人群、喧闹的车马队伍,都无法对他造成干扰。

突然,有人来到他旁边,拍了拍他的肩膀,"你在干什么呢?"扭过头,笛卡尔看到一张年轻秀丽的脸庞,一双清澈的眼睛如湛蓝的湖水,楚楚动人,长长的睫毛一眨一眨的,期待着他的回应。她就是瑞典的小公主,国王最宠爱的女儿克里斯汀。

克里斯汀蹲下身,拿过笛卡尔的数学书和草稿纸,和他交谈起来。言谈中,笛卡尔发现,这个小女孩思维敏捷,对数学有着浓厚的兴趣。

和女孩道别后,笛卡尔渐渐忘却了这件事,依旧每天坐在街头写写画画。几天后,他意外地接到通知,国王聘请他做小公主的数学老师。满心疑惑的笛卡尔跟随侍卫一起来到皇宫,在会客厅等候的时候,他听到了从远处传来的银铃般的笑声。转过身,他看到了前几天在街头偶遇的女孩子。

从此,他当上了公主的数学老师。

公主的数学在笛卡尔的悉心指导下突飞猛进,他们之间也开始变得亲密起来。笛卡尔向她介绍了他研究的新领域——直角坐标系。通过它,代数与几何可以结合起来,也就是日后笛卡尔创立的解析几何学的雏形。

在笛卡尔的带领下,克里斯汀走进了奇妙的坐标世界,她对曲线着了迷。每天的形影不离也使他们彼此产生了爱慕之心。

在瑞典这个浪漫的国度里,一段纯粹、美好的爱情悄然萌发。

然而,没过多久,他们的恋情传到了国王的耳朵里。国王大怒,下令马上将笛卡尔处死。在克里斯汀的苦苦哀求下,国王将他放逐回国,克里斯汀公主也被父亲软禁起来。

当时,欧洲大陆正在流行黑死病。身体孱弱的笛卡尔回到法国后不久,便染上重病。在生命进入倒计时的那段日子,他日夜思念的还是街头偶遇的那张温暖的笑脸。他每天坚持给她写信,盼望着她的回音。然而,这些信都被国王拦截下来,公主一直没有收到他的任何消息。

在笛卡尔给克里斯汀寄出第十三封信后,他永远地离开了这个世界。此时,被软禁在宫中的小公主依然徘徊在皇宫的走廊里,正思念着远方的情人。

这最后一封信上没有写文字,只有一个方程:$r=a(1-\sin\theta)$。

国王看不懂,以为这个方程里隐藏着两个人不可告人的秘密,便把全城的数学家召集到皇宫,但是没有人能解开这个函数式。他不忍看着心爱的女儿每天闷闷不乐,便把这封信给了她。

拿到信的克里斯汀欣喜若狂,她立即明白了恋人的意图,找来纸和笔,着手把方程图形画了出来,一颗心形图案出现在眼前,克里斯汀不禁流下感动的泪水,这条曲线就是著名的"心形线",如图9所示。

国王去世后,克里斯汀继承王位,登基后,她便立刻派人去法国寻找心上人的下落,收到的却是笛卡尔去世的消息,留下了一个永远的遗憾……

这封享誉世界的另类情书至今还保存在欧洲笛卡尔的纪念馆里。

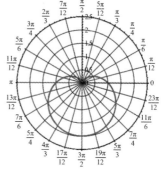

图 9

洛必达法则的故事

相信很多学过微积分的朋友,都学过"洛必达法则"。这可是个非常好用的法则,当你求极限碰到一个很复杂的题目时,往往上下同时求导就能算出结果。虽然也会碰到一些不能求导的情况,但这种方法无疑给我们解题带来了极大的方便。可是你知道吗? 大名鼎鼎的"洛必达法则"其实不是洛必达发明出来的,图10为洛必达画像。

图 10

故事发生在17世纪的欧洲,数学学科空前繁荣,整个社会表现出对数学的推崇和喜爱。主人公洛必达出生于法国贵族家庭,家庭条件很好,自幼酷爱数学,并展现出了过人天赋。

后来,洛必达拜瑞士数学大师约翰·伯努利为师,成为其座下弟子。值得一提的是,洛必达为此所支付的薪酬是伯努利工资的两倍。后来洛必达找到他:"亲爱的老师啊,你看你家里这么穷,不如把你的文章卖一份给我,你也赚点钱花,我也落得个美名,如何?"伯努利欣然接受:"很好很好! 我这里还有好几份,你都买走吧!"于是洛必达在伯努利处陆陆续续买了数份文章,基于这些文章,整理出版了《无限小分析》一书,书中提出了著名的算法"洛必达法则",发表后轰动一时。

1704年,洛必达英年早逝,年仅43岁。在他去世后,伯努利发声:"我才是'洛必达法则'的真正创立者,只是当年洛必达给了不菲的报酬,我才卖给了他,这个法则应该更名为'伯努利法则'!"但遭到了人们的质疑:"你当初为了蝇头小利背叛了数学道德和良知,如今发声也只是为了利益而已。"人们也不再理会他。

如今有极少数学书中称该法则为"伯努利法则",人们还是习惯称之为"洛必达法则"。这可能是伯努利一生最后悔的一件事了。

还不起的麦子

相传,国际象棋是印度宰相达依尔发明的,它是一种变化无穷、引人入胜的游戏,它的棋盘是一个 8×8 的正方形,当时这个游戏风靡全国,到处都在谈论着宰相达依尔。图 11 为国际象棋棋盘。

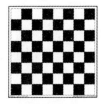

图 11

国王舍罕听说达依尔这样受人们欢迎,心里很不舒服,就把达依尔召到面前,说"你很聪明,很有智慧,可是权力比智慧更重要,你明白吗?"宰相达依尔跪倒在国王面前,说:"尊敬的陛下,您说得很对,但有时权力并不能解决所有的问题。"国王说:"那么,咱们比一局,谁输了就要满足对方一个要求,我倒要看看,智慧与权力到底哪个更重要。"

结果很快就出来了,宰相达依尔以 2∶0 战胜了国王。"提你的条件吧,你想要什么我都能满足你,我的权力会满足你的愿望。"国王舍罕说。

"陛下,"达依尔说,"那就请你在棋盘的第一个小格内赐给我一粒麦子吧。"

"什么? 一粒麦子?"国王感到非常意外。

"是的,陛下,请您在这张棋盘的第一个小格内,赏给我一粒麦子,在第二个小格内给两粒,第三格内给四粒,照这样下去,每一小格都是前一小格的两倍。把摆满棋盘 64 个小格的所有麦子赏赐给我吧!"

"你这愿望太简单了! 你不是在开玩笑吧?"国王有些生气了,他觉得这种要求是对国王财富的一种蔑视。他当时就叫侍从抬来一大袋麦子,国王亲手在第一小格内放了一粒麦子,在第二小格内放了两粒,在第三小格内放了四粒,在第四小格内放了八粒。然后叫来侍从,嘱咐说:"太麻烦,不用放了,多的麦子都给宰相就行了。"侍从正准备把麦子给宰相送去,达依尔却说:"别急别急,还是请陛下先算一算,再送不迟。"国王只好找了一个计算最快的侍从来计算,过了很久,数目终于计算出来了,这个数竟把所有的人都惊呆了,宰相赢得的麦子的数量实在太大了。

"不管这个数目有多大,都把麦子给他。"国王骄傲地说,"我答应的赏赐,要一粒不少。"

"这是绝对不可能的,陛下!"侍从说,"宰相所要求的麦子数量,不仅您所有粮仓的麦子不够,就是把全世界的麦子都给了他,也不够啊!"

"怎么能这样?你是不是算错了?"国王怀疑地说。

"一点不错,陛下,这是千真万确的!我算了三遍呢!"接着,侍从又给国王算了一遍。

宰相达依尔要求赏赐的麦子是多少呢?需要 $1+2+2^2+2^3+2^4+\cdots+2^{62}+2^{63}=18446744073709551615$(粒)。

$1\ m^3$ 麦子约有 15000000 粒。照这样计算,国王就得给宰相 $1200000000000\ m^3$ 的麦子。这些麦子比当时全世界两千年生产的麦子的总和还多。假如造一个高 $4\ m$、宽 $10\ m$ 的粮仓装这些麦子,这个粮仓就有 $30000000\ km$ 长,能绕地球赤道转 700 圈,等于地球到太阳距离的两倍。

国王哪有这么多的麦子呢。他的慷慨的奖赏,成了欠宰相达依尔的一笔永远也还不清的债了。

数不完的麦子

国王舍罕万万没有想到,从 1 粒麦子开始,2 倍 2 倍地增加,只在 64 个小格内就变出那么大个惊人的数目,宰相的智慧超出了国王的想象力。尽管国王满口答应一定要满足宰相提出的任何要求,但是,无论如何国王是拿不出那么多麦子的。

这使国王大伤脑筋,终日心事重重。心想:就是祈求上帝帮助,这笔奖赏也肯定付不清了。

这件事让一位数学教师知道了,他求见国王说:"陛下,我有办法付给宰相麦子。"

"你难道比我还富有?"国王有些生气。

"解决这个问题像 $1+1=2$ 那样简单。"教师说地轻松而有把握。

"那就说说你的办法吧!"国王更加不相信了。

"按照陛下答应的条件,宰相要求多少奖赏,您丝毫不打折扣地付给他就行了,这有什么难处?"

"你是荒唐,还是无知?"国王终于被这"没头脑"的建议激怒了,"我能把全世界两千多年生产的麦子都搬来给他吗?"

"那倒不用。只用你粮仓里的麦子就足够了。"

"什么?只用我粮仓里的麦子就够了?"国王像是没听明白,重复地问了一句。

"事情很简单!"教师说,"宰相在棋盘上要求放多少麦子就赏给他多少,然后把粮仓打开,让宰相自己一粒一粒去数出那些麦子就行了。"

这可是国王没想到的,他不再出声,默默地听教师说。

"假设每数1粒麦子需要1秒钟的话,1昼夜24小时是86400秒。也就是说,宰相在第一昼夜能数出的麦子是86400粒,数10昼夜还数不到100万粒。照这样连续不断地数,1年才能数完2 m³的麦子,数上10年,才能数出20 m³麦子,数100年,也只能数出200 m³。从现在开始,数到宰相去见上帝,他只能得到要求赏赐的极小极小的一部分。这样,不是陛下不能付给宰相奖赏,而是宰相自己没有能力拿走应得的奖赏。"教师像在课堂上讲课似的说给国王听。

国王慢慢明白过来了,连连点头说:"好!好!"为了进一步增强说服力,教师继续说:"宰相要求赏赐的麦子数异常巨大,这个数目是18446744073709551615,我简直无法把它读下来。我计算过,如果一年到头一秒也不停地一粒一粒地数,1年有31536000秒,总共需要将近5800亿年才能数完。到那时,我们都早已上了天国,还数什么麦子。"

国王兴奋得眉飞色舞,立即把宰相叫到面前,说:"达依尔,你要的奖赏我要全部付给你。"接着他把教师想出的办法说给宰相听。

宰相听后,不禁一惊。说:"陛下,您的仆人是绝对没有能力拿走您的赏赐的,因此也就只好不要了。但我并不感到遗憾,我深深佩服陛下想出的这个绝妙的主意,陛下的智慧超过了我。"

国王虽然面带喜色,但心里却想,这哪是我的主意呀,我可想不出来,看来智慧确实比权力重要。

关于扑克牌的故事

扑克牌的由来源远流长,人们只知道扑克牌源自欧洲,可是它背后还有很多故事。

现在我们通常见到的54张扑克牌,是由1392年在法国出现的52张扑克牌的模式外加大、小王演变而来的。

扑克牌分为四种花色:黑桃、方块、梅花和红桃。为什么要以这四种图案作为扑克牌的花色,历来说法很多。54张扑克牌的模式解释起来也非常奇妙。比较集中的说法有以下3种。

一种说法是这四种花色代表当时社会的四种主要行业,其中黑桃代表长矛,象征军人;梅花代表三叶花,象征农业;方块代表工匠使用的砖瓦,象征工匠;红桃代表红心,象征牧师。

另一种说法是这四种花色来源于欧洲古代占卜所用器物的图样,其中黑桃代表橄榄叶,象征和平;梅花为三叶草,意味着幸运;方块呈钻石形状,象征财富;而红桃为红心形,象征智慧和爱情。

还有一种说法是大王代表太阳、小王代表月亮,其余 52 张牌代表一年中的 52 个星期;红桃、方块、梅花、黑桃四种花色分别象征着春、夏、秋、冬四个季节;每种花色有 13 张牌,表示每个季节有 13 个星期。如果把 J、Q、K 当作 11、12、13点,大王、小王为半点,一副扑克牌的总点数恰好是 365 点。而闰年把大、小王各算为 1 点,共 366 点。很多人认为,以上解释并非巧合,因为扑克牌的设计和发明与星相、占卜以及天文、历法有着千丝万缕的联系。

近年来,许多国家都把反映本国文化、民俗和风貌的有代表性的画面印在扑克上。这种花式扑克将知识性、娱乐性、观赏性融为一体,历史、人物、风光、建筑、文学、艺术、动植物、教育等无所不包,堪称小百科全书,深受广大扑克牌爱好者的欢迎。大家在用扑克进行游戏的同时,既增长了知识,又得到了美的享受。

数学是人类认识世界和改造世界的工具,也是一片让有识之士自由飞翔的广阔天空,数学的足迹遍及社会的每一个角落。数学家的故事也像数学本身一样,神秘动人,发人深思。这些故事所描述的不是无意义的琐事,也不是一些让人盲目追求的癖好,而是一些高贵的品质和能力,让我们对其敬仰,让这些伟人成为我们的偶像,让孩子有一个学习的榜样和目标。如果孩子认为数学是枯燥的,对数学没兴趣,就让他看看数学家的故事吧。

刘徽的"割圆术"

魏晋时期的刘徽(约 225—295 年),汉族,山东邹平人,是中国数学史上一位非常伟大的数学家,中国数学理论的奠基者之一。他的杰作《九章算术注》和《海岛算经》是中国最宝贵的数学遗产。他是中国最早明确主张用逻辑推理的方式来论证数学命题的人,图 1 是他的画像和著作。

图 1

《九章算术》约成书于东汉之初,共有 246 个问题的解法。其许多方面都在世界先进之列,如分数四则运算,正负数运算,解联立方程,几何图形的面积、体积计算等。但有些解法、算理比较原始,有些结论缺乏必要的证明,刘徽则对此均做了补充证明,使其更加科学完善。刘徽是世界上最早提出十进小数概念的人,并用十进小数来表示无理数的立方根。他还提出了正负数的概念及其加减运算的法则,改进了线性方程组的解法。

刘徽在数学界做出的最为杰出的贡献是他的割圆术。一次,他看到石匠在加工石头,觉得很有趣就仔细观察了起来。原本一块方石,经石匠师傅凿去四角,就变成了八角形的石头;再去八个角,又变成了十六边形的石头;一下一下地凿下去,一块方形石料就被加工成了一根圆柱。在一般人看来非常普通的事情,却擦出了刘徽智慧的火花。他想:"石匠加工石料的方法,可不可以用在圆周率的研究上呢?"于是,刘徽利用这个方法,把圆逐渐分割下去,发明了"割圆术"。

刘徽"割圆术"的方法为:如图 2,根据石匠的方法,从圆内接正六边形算起,边数依次加倍,相继算出正 12 边形、正 24 边形……直到正 192 边形的面积,得到圆周率(π)的近似值为 $\frac{157}{50}$ = 3.14;后来,他又算出圆内接正 3072 边形的面积,从而得到更精确的圆周率近似值:$\pi = \frac{3927}{1250} \approx 3.1416$。

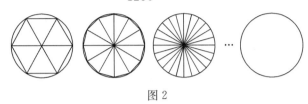

图 2

刘徽割圆术的基本思想是"割之弥细,所失弥少,割之又割以至于不可割,则与圆合体而无所失矣",也就是圆内接正多边形的边数越多,所求得的圆周率越精确。

刘徽提出的计算圆周率的科学方法,奠定了中国圆周率计算在世界上的领先地位。

祖冲之与圆周率

祖冲之(429—500 年),字文远,范阳郡遒县(今河北涞水)人,南北朝时期杰出的数学家、天文学家,图 3 是他的画像。

祖冲之的主要贡献在数学、天文历法和机械三方面。在数学方面,他写了《缀术》一书,被收入著名的《算经十书》中,作为唐代国子监算学课本,可惜后来失传了。《隋书·律历志》留下一段关于圆周率(π)的记载,祖冲之算出其值在 3.1415926 和 3.1415927 之间,相当于精确到小数点后第 7 位,成为当时世界上最精确的圆周率数值。

图 3

在他之前,刘徽提出了一种计算圆周率的科学方法——割圆术。刘徽指出,内接正多边形的边数越多,所求得的圆周率越精确,不过他没有得出更精确的数值。祖冲之经过自己的刻苦钻研,反复演算,求出圆周率在 3.1415926 与 3.1415927 之间。祖冲之究竟用什么方法得出这一结果,现在已无从考查。后人发现,如果他按刘徽的"割圆术"方法去求的话,就要计算到圆内接 16384 边形,这是令无数人望而却步的计算量!祖冲之的圆周率数值领先西方国家 1000 多年。

祖冲之给出了圆周率的两个分数形式:$\frac{22}{7}$(约率)和 $\frac{355}{113}$(密率),其中密率精确到小数点后第 7 位,在西方直到 16 世纪才由荷兰数学家奥托发现。祖冲之曾和儿子祖暅一起圆满地利用"牟合方盖"解决了球体积的计算问题,得到正确的球体积计算公式。

在天文历法方面,祖冲之创制了《大明历》,最早将岁差引进历法,采用了391年加144个闰月的新闰周,首次精密测出交点月日数(27.21223)、回归年日数(365.2428)等数据,还发明了用圭表测量冬至前后若干天的正午太阳影长以定冬至时刻的方法。

在机械学方面,他设计制造过水磨、指南车、定时器等等。此外,他在音律、文学方面也有造诣,他精通音律,擅长对弈,还写有小说《述异记》,是历史上少有的博学多才的人物。

为纪念这位伟大的古代科学家,人们将月球背面的一座环形山命名为"祖冲之环形山",将小行星1888命名为"祖冲之小行星"。

杨辉三角的奥秘及应用

杨辉是我国南宋末年的一位杰出的数学家。在他著的《详解九章算法》一书中,画了一张表示二项式展开后的系数构成的三角图形,叫作"开方做法本源",现在简称为"杨辉三角",它是杨辉的一大重要研究成果。生活中很多问题都与杨辉三角有着或多或少的联系,那如何解决这些以"杨辉三角"为背景的问题呢? 这就需要我们对杨辉三角本身蕴含着的规律进行探讨和研究。

一、杨辉三角与2的幂的关系

首先我们把杨辉三角的每一行分别相加,如图4所示。

$$
\begin{array}{c}
1 \qquad\qquad (1=2^0) \\
1 \quad 1 \qquad\qquad (1+1=2=2^1) \\
1 \quad 2 \quad 1 \qquad\qquad (1+2+1=4=2^2) \\
1 \quad 3 \quad 3 \quad 1 \qquad\qquad (1+3+3+1=8=2^3) \\
1 \quad 4 \quad 6 \quad 4 \quad 1 \qquad\qquad (1+4+6+4+1=16=2^4) \\
1 \quad 5 \quad 10 \quad 10 \quad 5 \quad 1 \qquad\qquad (1+5+10+10+5+1=32=2^5) \\
1 \quad 6 \quad 15 \quad 20 \quad 15 \quad 6 \quad 1 \qquad (1+6+15+20+15+6+1=64=2^6) \\
\cdots\cdots \qquad\qquad\qquad \cdots\cdots
\end{array}
$$

图4

即杨辉三角第 n 行中 n 个数之和等于2的 $(n-1)$ 次幂。

二、与数字 11 的幂的关系

假设 $y=11^n$（n 为自然数）。

当 $n=0$ 时：$y=1$；

当 $n=1$ 时：$y=11$；

当 $n=2$ 时：$y=121$；

当 $n=3$ 时：$y=1331$；

当 $n=4$ 时：$y=14641$；

当 $n=5$ 时：$y=15101051$。

可见，当 $n\leqslant5$ 时，上述结果与杨辉三角的前 6 行数字完全一致，接下来我们再来看一下当 $n\geqslant6$ 时的情况，如下：

当 $n=6$ 时：

```
          1   5  10  10   5   1
      ×                   1   1
  ─────────────────────────────
          1   5  10  10   5   1
      1   5  10  10   5   1
  ─────────────────────────────
      1   6  15  20  15   6   1
```

$y=1615201561$。

当 $n=7$ 时：

```
          1   6  15  20  15   6   1
      ×                       1   1
  ─────────────────────────────────
          1   6  15  20  15   6   1
      1   6  15  20  15   6   1
  ─────────────────────────────────
      1   7  21  35  35  21   7   1
```

......

由上可知：11 的 n 次幂的各位数字（不含进位）与杨辉三角中的各数字完全相等，即杨辉三角是 11 的幂按错位相加不进位的方法依次从小到大排列而成的图形。如图 5 所示。

```
            1                    (11⁰)
          1   1                  (11¹)
        1   2   1                (11²)
      1   3   3   1              (11³)
    1   4   6   4   1            (11⁴)
  1   5  10  10   5   1          (11⁵)
1   6  15  20  15   6   1        (11⁶)
        ······           ······
```

图 5

三、路径中的杨辉三角

每一个格点处都有两条路可以走,要求:必须走格点,且路程最短。则从 A 地到 B 地有多少种不同的走法?

解:如图 6,从 A 地到 B_1 地有 2 种走法。

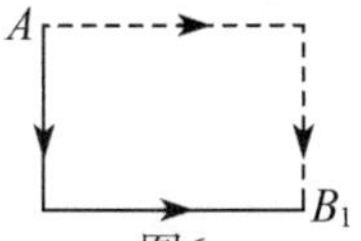

图6

如图 7,从 A 地到 B_2 地有 3 种走法,等于到 B_1 的走法数目加上 1。

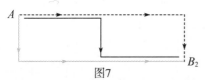

图7

如图 8,从 A 地到 B_3 地有 3 种走法,刚好是到 B_1 的走法数目加上 1。

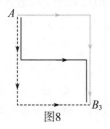

图8

如图 9,从 A 地到 B_4 地有 6 种走法,刚好是到 B_2 的走法数目加上到 B_3 的走法数目。

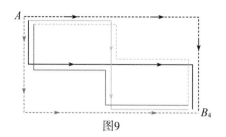

图9

随着 A、B 两地之间距离的增大，从 A 地到每一个交叉点的走法数目如图 10 所示。

A

0	1	1	1	1	1	1	1	1	1
1	2	3	4	5	6	7	8	9	
1	3	6	10	15	21	28	36		
1	4	10	20	35	56	84			
1	5	15	35	70	126				
1	6	21	56	126					
1	7	28	84						
1	8	36							
1	9								
1									

B

图 10

容易看出，从 A 到每一个交叉点的走法数目与杨辉三角很相似，因此当我们遇到如上所示的路径问题时，我们可以根据杨辉三角来求出它到另一端的走法数目。

四、与二项式定理的关系

杨辉三角的第 n 行就是二项式 $(a+b)^n$ 展开式的系数列。杨辉三角有以下两个特性。

(1)对称性：杨辉三角中的数字左、右对称，对称轴是杨辉三角形底边上的"高"。

(2)结构特征:杨辉三角中每行数的特点是头、尾为1,中间的数是其肩上的两数之和。

我们可以利用以上的性质预测二项式$(a+b)^n$展开式的系数列。

由此可见,古老的杨辉三角蕴含的数学规律对现代的数学研究都具有指导意义,这令人不由得为灿烂的古代文明心生自豪之情。

徐光启与《几何原本》

图 11

大家都知道数学有一门分支叫作"几何学",然而你知道"几何"这个名称是怎么来的吗?在我国古代,这门数学分支并不叫"几何学",而是叫作"形学"。那么,是谁首先把"几何"一词作为数学的专业名词来使用,用它来称呼这门数学分支的呢?他就是明末杰出的数学家徐光启,图 11 是他的画像。

《几何原本》是我国第一部由拉丁文译来的数学著作,如图 12 所示。数学家徐光启翻译这本书时,在没有任何词表可循的情况下,精细研究,仔细推敲,创造了许多译名。这些译名都十分恰当,不但在我国一直沿用至今,并且还影响了日本、朝鲜等,如点、线、直线、曲线、平行线、角、直角、锐角、钝角、三角形、四边形等,许多名词都是由这个译本首先定下来的。

图 12

《几何原本》经过历代数学家,特别是中世纪阿拉伯数学家们的注释,经阿拉伯数学家之手传入欧洲,对文艺复兴以后近代科学的兴起产生了很大的影响。许多学者认为《几何原本》所代表的逻辑推理方法,是世界近代科学产生和发展的重要前提。换言之,《几何原本》的近代意义不单单是数学方面的,更主要的是思想方法方面的。徐光启指出:"此书为益,能令学理者祛其浮气,练其精心,学事者资其定法,发其巧思,故举世无一人不当学……能精此书者,无一事不可精,好学此书者,无一事不可学。"

《几何原本》由公理、公设出发,给出一整套定理体系的叙述方法,和中国古代数学著作的叙述方法相去甚远。徐光启作为首先接触到严密逻辑体系的人,却能对此提出较明确的认识。他说:"此书有四不必:不必疑、不必揣、不必试、不必改;有四不可得:欲脱之不可得,欲驳之不可得,欲减之不可得,欲前后更置之不可得。"徐光启提出《几何原本》的突出特点在于其体系的自明性,这种认识是十分深刻的。

历时一年，《几何原本》译出六卷，刊印发行。徐光启抚摸着此书，感慨道：这部光辉的数学著作在此后的一百年里，必将成为天下学子必读之书，但到那时候只怕已太晚了。可实际情况比他预感的更悲哀，明朝时《几何原本》并没有得到重视，后来明朝灭亡，清朝的统治者对此书也不关注。致使徐光启逝世后很长时间里，《几何原本》迟迟不能推广，以至于被埋没。

直到 20 世纪初，中国废科举、兴学校，以《几何原本》内容为主要内容的初等几何学方才成为中等学校必修科目，实现了 300 年前徐光启"无一人不当学"的预言。

华罗庚的故事

著名数学家华罗庚于 1910 年 11 月 12 日出生于江苏金坛，自小家境贫寒，一心努力学习，他是中国解析数论、典型群、矩阵几何学与多元复变函数论等多个研究领域的创始人和开拓者，并被列为芝加哥科学技术博物馆中当今世界 88 位数学伟人之一，下面就让我们一起来看看华罗庚的故事吧！图 13 是他的画像。

图 13

据说，有一次正在看店的华罗庚在计算一道数学题，来了一位女士想买棉花，当她问华罗庚多少钱时，他完全沉醉于做题中，没有听清对方说什么，就随口说出了数学题的答案，而女士以为他说的是棉花的价格，尖叫道："怎么这么贵？"这时华罗庚才知道有人过来买棉花，当华罗庚把棉花卖给女士后，才发现刚才自己算题的草纸被女士带走了。这可把华罗庚急坏了，他急忙去追那位女士，不好意思地说："阿姨，请……请把草纸还给我。"那女士生气地说："这可是我花钱买的，可不是你送的！"华罗庚急忙说："要不这样吧！我花钱把它买下来，您要多少钱都行。"那女士被华罗庚感动了，没有要钱，把草纸还给了这个热爱学习的小学徒。回到店里后，华罗庚又开始计算起数学题来。

华罗庚是一位靠自学成才的数学家，仅有初中文凭，因一篇论文在《科学》杂志上发表，得到数学家熊庆来的赏识，从此华罗庚北上清华园，开始了他的数学生涯。

1936 年，经熊庆来教授推荐，华罗庚前往英国，留学剑桥。20 世纪声名显赫的数学家哈代听说华罗庚很有才气，对华罗庚说："你可以在两年之内获得博士学位。"可是华罗庚却说："我是来求学问的，不是为了学位。"两年中，他集中精力研究堆垒素数论,并就华林问题、奇数哥德巴赫问题发表 18 篇论文,得出了著名的"华氏定理",向全世界显示了中国数学家出众的智慧与能力。

1946 年,华罗庚应邀去美国讲学,并于 1948 年被伊利诺伊大学高薪聘为终身教授,他的家属也随同到美国定居,有洋房和汽车,生活十分优裕。当时,很多人认为华罗庚不会回来了。

新中国诞生后,他毅然放弃在美国的优裕生活,于 1950 年回到了祖国,而且还给留美的中国学生写了一封公开信,动员大家回国参加社会主义建设。他在信中流露出了一颗热爱中华的赤子之心:"朋友们!梁园虽好,非久居之乡。归去来兮……为了国家民族,我们应当回去……"虽然数学没有国界,但数学家却有自己的祖国。

华罗庚从海外归来,受到党和人民的热烈欢迎,他回到清华园,被委任为数学系主任,不久又被任命为中国科学院数学研究所所长。从此,开始了他数学研究真正的黄金时期。他不但连续做出了令世界瞩目的突出成绩,同时满腔热情地关心、培养了一大批数学人才。为摘取数学王冠上的明珠,为应用数学研究、试验和推广,他倾注了大量心血。

从初中毕业到人民数学家,华罗庚走过了一条曲折而辉煌的人生道路,为祖国争得了极大的荣誉。

陈景润与哥德巴赫猜想

陈景润(1933—1996 年),福建福州人,中国著名数学家。

1966 年,我国年轻的数学家陈景润,在经过多年潜心研究之后,成功地证明了"1+2",也就是"任何一个充分大的偶数都可以表示成一个素数和一个不超过两个素数的乘积之和",成为哥德巴赫猜想研究上的里程碑,这一成果也被称之为"陈氏定理"。

当年徐迟的一篇报告文学,使中国人知道了陈景润和哥德巴赫猜想。那么,什么是哥德巴赫猜想呢?

哥德巴赫是德国一位中学教师,也是一位著名的数学家,是俄国彼得堡科学院院士。1742 年,哥德巴赫在教学中发现,每个不小于 6 的偶数都是两个素数之和,如 6=3+3,12=5+7 等。公元 1742 年 6 月 7 日,哥德巴赫写信给当时的大数学家欧拉,提出了以下猜想:

(1)任何一个不小于 6 的偶数,都可以表示成两个奇素数之和。例如:6=3+

3、8＝5＋3、100＝3＋97……

（2）任何一个不小于 9 的奇数，都可以表示成三个奇素数之和。例如：9＝3＋3＋3、15＝7＋5＋3、99＝3＋7＋89……

哥德巴赫猜想有两部分内容，第一部分叫作偶数的猜想，第二部分叫作奇数的猜想。偶数的猜想是说，大于等于 6 的偶数一定是两个奇素数的和。奇数的猜想指出，任何一个大于等于 9 的奇数都是三个奇素数的和。

欧拉在同年 6 月 30 日给哥德巴赫的回信中说，他相信这个猜想是正确的，但他不能证明。这个叙述如此简单的问题，却连欧拉这样首屈一指的数学家都不能证明。从此，这道著名的数学难题引起了世界上成千上万数学家的注意。

200 年过去了，却没有人能够证明它。哥德巴赫猜想由此成为数学皇冠上一颗可望而不可即的"明珠"。

目前最佳的结果是中国数学家陈景润于 1966 年提出的证明，称为"陈氏定理"。自"陈氏定理"诞生至今的几十年里，人们对哥德巴赫猜想的进一步研究均劳而无功，"1＋1"仍是一个未解决的问题。

1999 年，中国发行纪念陈景润的邮票。紫金山天文台将一颗行星命名为"陈景润星"，以此纪念陈景润在数学方面杰出的成就。

微分几何之父

陈省身（1911—2004 年），祖籍浙江嘉兴，是 20 世纪最伟大的几何学家之一，唯一获得过沃尔夫奖的华人数学家，被国际数学界尊为"微分几何之父"。图 14 为其画像。

图 14

15 岁那年，陈省身考入南开大学理学院本科。在南开，陈省身决定主修数学。一方面，这是因为他的数学能力一向比较强；另一方面，则是由于他在第一次化学实验课上吹玻璃管时手足无措，而助教恰是以严厉著名、外号叫"赵老虎"的赵克捷先生，从此，他对理化充满畏惧。看来，每考数学"必是王牌"的他，就是为数学而生的。

陈省身淡泊名利，"我读数学没有什么雄心，我只是想懂得数学。如果一个人的目的是名利，数学不是一条捷径。"陈省身做学问从来都是扎扎实实，不赶时髦，不抢热门。

1984 年，陈省身提议创办南开大学数学研究所。陈省身说："自己一生只会做一件事，就是数学。天下美妙的事不多，数学就是这样美妙的事之一。"

2002年，陈省身在世界数学家大会上为少年儿童题词"数学好玩"。在92岁的时候，他自费制作了挂历"数学之美"，向公众普及数学知识。

从十几岁入数学之门，直到逝世，他的脑子像一架机器一样，一直为数学运转了七十多年。

最出色的中学教师

1983年10月31日凌晨，应该是让中国数学界痛心的时刻，一位正值其科学研究颠峰的优秀数学家猝然早逝。

前一天晚上，作为唯一的中学教师代表的陆家羲，在武汉参加了中国数学学会第四次全国代表大会后返回包头家中。他兴奋地向妻子滔滔不绝地讲述着近几个月来的感受：从研究成果受到重视、国内外学术界给其赞誉，到下一步攻关打算……他太累了，早早睡下，那晚是他多年来第一次睡得这么早，然而这一睡却再也没有醒来，他悄然去了另一个世界。

1935年6月10日，陆家羲出生在上海市一个贫苦市民家里，1957年秋考入吉林师范大学（现东北师范大学）物理系，1961年被分配到包头钢铁学院担任助教。后来被调入包头市教育系统，先在包头市教育局教研室工作，后来到中学担任物理教师，直到逝世，图15是他的画像。

图15

1957年夏的一天，陆家羲购得一本孙泽瀛著的《数学方法趣引》。一连好多天，他都深深沉浸在书中十多个妙趣横生的世界著名数学难题中。当时风华正茂的陆家羲可能做梦也未曾料到，一本薄薄的小册子竟改变了他日后的生活。

《数学方法趣引》中最吸引他的是"柯克曼女生问题"。早在1850年，英格兰教会的一位教长柯克曼（T. P. Kirkman）在《女士与先生之日记》年刊上提出了这样一个有趣的问题：一位女教师带领她的15名学生去散步。她把学生分成5组，每组3人，问怎样安排才能在一周内使每两名学生恰有一天在同一组。这个问题困扰了人们一百多年，为纪念这位在数学研究上的自学成才者，人们把这个著名的数学难题称为"柯克曼女生问题"。

从1961年开始，陆家羲为了解决"柯克曼女生问题"，共撰写了十余篇研究论文，但结果不是退稿就是石沉大海。

1979年4月，陆家羲借到了1974年和1975年美国的《组合论杂志》，从中意外发现柯克曼问题以及推广到四元组系列的情况。他才获知国外已于1971年和1972年解决了该问题。这个事实对陆家羲打击很大,国外研究成果发表时间比他的发现要迟7至10年。虽然与攀登世界数学高峰的荣誉失之交臂,但是顽强的陆家羲没有倒下去,他鼓起更大的勇气冲击另一座组合数学高峰——"斯坦纳系列大集"。

1980年春,陆家羲完成了"斯坦纳系列大集"的论文初稿。论文几经周转,最后转到了朱烈教授手中。朱烈教授建议陆家羲把论文寄给美国哥伦比亚大学的《组合论杂志》。自1981年9月18日起,《组合论杂志》陆续收到陆家羲6篇题为"论不相交的斯坦纳三元系大集"的系列文章。西方组合论专家惊讶了,加拿大多伦多大学教授门德尔逊赞叹道:"这是二十多年来组合设计中的重大成就之一。"

《组合论杂志》A辑分别在1983年和1984年的两期上,以99个版面的惊人篇幅连载了陆家羲的这6篇论文"论不相交的斯坦纳三元系大集"。

1983年7月,在大连工学院(大连理工大学)召开了全国首届组合数学学术会议。朱烈教授邀请陆家羲参加,陆家羲在小组会上的报告引起了与会者的重视,被推荐在闭幕大会上宣布其研究成果。门德尔逊和郝迪高度评价了陆家羲的成果,会后他们一同到中国科学院合肥分院组合学和图论的讲习班讲学。陆家羲终于登上了讲台,有机会讲授自己多年来的研究成果。

1983年10月,陆家羲作为唯一被特邀的中学教师参加了在武汉举行的第四届中国数学会年会。大会充分肯定了他的成就,表彰了他勇攀科学高峰的奋斗精神。他心情异常激动地在会上报告了自己的工作,并告诉大家对其中六个例外值已找到解决途径,正在抓紧时间整理。

1983年12月21日,《人民日报》《光明日报》等首都几家有影响力的报纸以及《内蒙古日报》,同时在显著位置刊登了一条新华社发自呼和浩特的消息:"拼搏二十年,耗尽毕生心血,中学教师陆家羲攻克世界数学难题'斯坦纳系列'。"这篇近千字的报道首次向世人宣告,一位地处边陲的中学教师潜心钻研组合数学二十年,终于证明了"斯坦纳系列"和"柯克曼系列"问题,完成了两项在组合计算领域内具有国际第一流水平的工作。

被称为"中国业余数学王子"的陆家羲,他的数学成就是伟大的,他刻苦钻研数学知识的精神永远值得我们学习。

几何之父

欧几里得（约公元前325－前265年）是古希腊著名数学家，他的著作《几何原本》闻名于世，2000多年来都被看作学习几何的标准课本，所以欧几里得被人们称为"几何之父"。没有谁能够像欧几里得那样，声誉经久不衰，图16是他的画像。

图16

古希腊的数学研究有着十分悠久的历史，曾经出过一些几何学著作，但都是讨论某一方面的问题，内容不够系统。欧几里得汇集了前人的成果，采用前所未有的独特编写方式，先提出定义、公理、公设，然后由简到繁地证明了一系列定理，讨论了平面图形和立体图形，还讨论了整数、分数、比例等，终于把两个半世纪的研究成果编纂成为一本著作《几何原本》，将公元前7世纪以来希腊几何研究领域积累的丰富成果整理在严密的逻辑系统之中，使几何学成为一门独立的、演绎的科学。

《几何原本》问世后，它的手抄本流传了1800多年。自1482年印刷发行以后，重版了大约一千版次，还被译为世界各主要语种。

那时候，人们建造了高大的金字塔，可是谁也不知道金字塔究竟有多高。有人说："要想测量金字塔有多高，比登天还难！"这话传到欧几里得的耳朵里，他笑着说："这有什么难的呢？当你的影子跟你的身体一样长的时候，你去量一下金字塔的影子多长，那长度便等于金字塔的高度！"

中国最早的译本是1607年意大利传教士利玛窦（Matteo Ricci，1552—1610年）和徐光启根据德国人克拉维乌斯校订增补的拉丁文版本《欧几里得原本》（15卷）合译的，定名为《几何原本》，几何的中文名称就是由此而得来的。该译本第一次把欧几里得几何学及其严密的逻辑体系和推理方法引入中国，同时确定了许多我们现在耳熟能详的几何学名词，如点、直线、平面、相似、位似等。他们只翻译了前6卷，后9卷由英国人伟烈亚力和中国科学家李善兰在1857年译出。

现在，欧氏几何仍广泛地应用于科学研究和生产实践之中，也是中学生必学的一门科学知识。按图形位置关系，欧氏几何又分为平面几何和立体几何。欧氏几何所研究的空间称欧氏空间，它是现实空间的一个最简单并且相当确切的近似描述。在现代数学中，多维欧氏空间已成为研究多变量函数和线性代数的重要工具之一。

数学之神

公元前 212 年,位于美丽的西西里岛上的叙古拉城一片狼烟,强大的罗马军队在重重围困叙古拉三年后,和城内的叛徒里应外合,终于攻破了这个令他们头疼的城市。然而城中有一位老人却好像没有听到渐渐迫近的喊杀声似的,低头盯着画在地上的几何图形苦苦地思考着。这时,一只沾满血污的皮靴踩在了图形上,老人抬起头发现是一个凶恶的罗马士兵,于是愤怒地吼道:"滚开些,别弄坏了我的图形!"没等他说出第二句话,就被这个罗马士兵杀害了。这位老人,就是古希腊最伟大的数学家,被称为"数学之神"的阿基米德。图 17 是阿基米德画像。

图 17

阿基米德生于公元前 287 年,家乡叙古拉位于风光旖旎的西西里岛上,是一座希腊殖民城市,经济和文化都很繁荣。阿基米德的家族是叙古拉的贵族,和叙古拉的赫农王是亲戚,家庭非常富裕。阿基米德十一岁时,借助与王室的关系,有机会漂洋过海,到古希腊文化中心亚历山大里亚城去,跟随欧几里得的学生埃拉托塞和卡农学习。

相传阿基米德思考问题时精神高度集中,常常会忘记周围的一切。有一次,大家关心阿基米德的身体健康,给他擦上希腊人洗澡用的香油膏,把他推到澡堂去洗澡。可是,过了半天不见他出来,大家以为他出了什么事,赶紧冲进澡堂去看他,谁知澡堂里的阿基米德早就把洗澡忘得一干二净了,正用手在抹了香油膏的身上画几何图形呢。

据说当叙古拉国王艾希罗取得王位后,决定在一座教堂里向永垂不朽的神献上金制的王冠。于是,他请了最好的金匠,称给金匠所需要的金子,让他做一顶王冠。金匠按规定的期限做好了精美的金冠,国王很满意。可是有位大臣怀疑金匠盗窃了做王冠的金子,掺进去了同等质量的黄铜,这可是对神的大不敬。可是称一下王冠的质量,与先前交给金匠的金子质量相同,怎么鉴别金匠制造的王冠是否为纯金制成呢?

艾希罗把这个难题交给了阿基米德,限他三天想出办法,否则就处以绞刑,阿基米德接受任务后忧心忡忡,冥思苦想,不得其解。三天很快就过去了,街上聚集了很多人,都来看这位倒霉的即将被处死的智者。在去见国王前,阿基米德想洗个澡，准备干干净净地离开这个世界。因为一直在思考着问题，不知不觉中，水池里的水已满了，当他进入池中时，水从池中溢了出来，而自己也感觉到身体在水中轻了许多。阿基米德的灵感一下子冒了出来：盆里溢出来的水的体积，不就是自己的身体浸入水里的那一部分体积吗？他想，因为金子密度比黄铜大，所以相等质量的金子体积比黄铜小。如果金子里面掺进了黄铜，密度就会减小，体积就会增大，排出水的体积就会比没掺假的多。

他急忙从池中跳出来，连衣服都没穿，就冲到街上，高喊着："优乐加！优乐加！（意为发现了）。"街上的人不知发生了什么事，也都跟在后面追着看。

阿基米德跑到王宫后立即找来一盆水，又让国王拿来同样重量的一块黄金、一块黄铜，分两次泡进盆里，黄铜溢出的水比黄金溢出的几乎要多一倍，然后他又把王冠和金块分别泡进水盆里，王冠溢出的水比金块多，显然王冠的体积大于金块的体积，王冠里肯定掺了假，王冠之谜终于解开了。

在此基础上，阿基米德发现了浮力定律，为船舶浮沉的理论和现代造船技术奠定了基础。

阿基米德同时也是一位伟大的爱国者。公元前215年，罗马军队从海陆两路大举侵犯叙古拉城，此时的阿基米德已经是一个年过古稀的老人了，但他为了国家的安危，毫不犹豫地挺身而出。千万不要小看这位老人的力量，正是有了他的智慧，弱小的叙古拉城才能屹立在强大的罗马军团面前长达三年之久，他让骄傲的罗马人付出了惨重的代价。三年的时间里，不要说是攻城，就是连接近叙古拉城都是一件困难的事情。

每当罗马陆军逼近城墙的时候，城墙上就会呼啸着飞出许多大大小小的石头，把他们砸得头破血流。这正是阿基米德设计的抛石机在大显神威。每当罗马海军的战舰驶近城墙的时候，城墙后面就会伸出一种像鸟嘴一样的机械，抛出巨大的石头，把他们的战舰砸沉或撞翻。

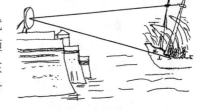

图18

他曾经把镜子拼成一面巨大的凹面镜，这面镜子能把阳光聚集后投射到敌人的战舰上，点燃船帆，如图18所示。阿基米德的这些发明使罗马人闻风丧胆，哪怕城墙上出现一根木棍，他们都会惊呼："阿基米德又来了！"然后抱头鼠窜。

然而势单力薄的叙古拉终究不是罗马的对手，最终还是沦陷了。被阿基米德折腾得胆战心惊的罗马士兵终于找到了报仇的机会，阿基米德就这样离开了人世，离开了他挚爱一生的数学。

按照阿基米德生前的愿望，他的墓碑上刻着球内切于圆柱的图形，用来纪念他发现的重要定理。

万有引力的发现者

艾萨克·牛顿（1643－1727年）是英国伟大的数学家、物理学家、天文学家和自然哲学家，图19是他的画像。

图19

牛顿在数学上最卓越的成就是创建微积分，他超越前人的功绩在于，将古希腊时期以来求解无限小问题的各种特殊技巧统一为两类普遍的算法——微分和积分，并确立了这两类运算的互逆关系，如：面积计算可以看作求切线的逆过程。

那时，莱布尼茨刚好也提出微积分研究报告，更因此引发了一场微积分发明专利权的争论，这场争论直到莱布尼茨去世才停息，而后世认定微积分是他们同时发明的。

在微积分方法上，牛顿所做出的非常重要的贡献是，大胆地运用了代数所提供的大大优越于几何的方法论。他以代数方法取代了卡瓦列里、格雷戈里、惠更斯和巴罗的几何方法，完成了积分的代数化。从此，数学逐渐从直观的学科转向思维的学科。

微积分产生的初期，由于还没有建立起稳固的理论基础，被一些别有用心者钻空子，更因此而引发了著名的第二次数学危机。这个问题直到19世纪极限理论建立，才得到解决。

牛顿在代数方面也做出了经典的贡献，他的《广义算术》大大推动了方程论的发展。他发现实多项式的虚根必定成双出现和求多项式根的上界的规则，他以多项式的系数表示多项式的根 n 次幂之和公式，给出实多项式虚根个数的限制的笛卡尔符号规则的一个推广。

牛顿还设计了求数值方程的实根近似值的对数和超越方程都适用的一种方法，该方法的修正，现称为"牛顿方法"。

牛顿在力学领域也有伟大的发现，牛顿的三大运动定律构成了物理学和工程学的基础。正如欧几里得的基本定理为现代几何学奠定了基础一样，牛顿三大运动定律为物理科学的建立提供了基本定理。三大定律的推出、地球引力的发现和微积分的创立使得牛顿成为过去一千年中最杰出的科学巨人。

所有人的老师

1783年9月18日夜晚,一位年迈的数学家离开人世。消息传到彼得堡数学学校,全校师生失声痛哭;消息传到彼得堡科学院,全体教授停止工作,起立默哀;消息传到俄国王宫,女皇叶卡捷琳娜二世立即下令停止当天的舞会;消息传遍整个欧洲,吊唁的信函像雪片一样从瑞士、德国、法国、英国飞来,几乎全欧洲的数学家都向他们敬仰的老师表达了深切的哀悼。这位数学家就是号称"所有人的老师"的莱昂哈德·欧拉,图20是他的画像。

图20

欧拉于1707年4月15日诞生于瑞士的巴塞尔城,父亲是一位乡村牧师,很喜欢数学,常常给欧拉讲一些有趣的数学故事,使欧拉从小就对数学产生了浓厚的兴趣。不满十岁的时候,欧拉就开始自学《代数学》,这本书是德国著名数学家鲁道夫写的经典著作,连欧拉的老师中也没有几个人读过,可欧拉却读得津津有味。

十三岁那年,欧拉考入了巴塞尔大学,成为这所大学以及当时瑞士所有大学中年龄最小的学生,轰动了瑞士数学界。

但欧拉的父亲并不希望儿子学数学,他希望欧拉将来能成为一名神职人员,所以极力要求欧拉转到神学系。数学家伯努利听到消息后感到异常震惊,亲自登门拜访欧拉的父亲,劝说他打消这个奇怪的想法。

伯努利出身于数学世家,四代人中涌现出十多位欧洲知名的数学家,其中有一位还是欧拉父亲的老师。伯努利对欧拉的父亲说:"我可以向您保证,您的儿子将来在数学上的成就,必定会远远超过我。"欧拉的父亲被伯努利说服了,把儿子交给了这位令人尊敬的"伯乐"。

1733年,年仅26岁的欧拉担任了彼得堡科学院的数学教授。但是,过度紧张的工作严重地损害了欧拉的健康,他在28岁时右眼失明。没过多久,左眼的视力也开始衰退,最后竟然完全失明了。

陷入黑暗的欧拉依然用惊人的毅力顽强拼搏着,以每年800页的速度向世界贡献出一篇篇高水准的科学论文和著作,还解决了许多著名数学难题,用自己闪光的数学思想照亮了后来者继续探索的道路。

他非常热心于提携后辈,一生曾与欧洲的300多位学者通信,他常常在信中毫无保留地把自己的发现告诉别人,为别人的成功创造条件。1750年,十九岁的法国青年拉格朗日冒昧地给欧拉写信,讨论"等周问题"的一般解法。这是欧拉多年来苦心思考的问题,当他发现这个法国青年的思路很有特色时,不仅在回信中热情鼓励他继续研究下去,还为此专门压下自己这方面的作品暂不发表。

欧拉一生著作量惊人,科学巨人牛顿的全集只有八卷,数学王子高斯的全集也只有十二卷,而从 1907 年起就开始陆续整理出版的《欧拉全集》,已经出版的就多达七十余卷,至今还未出完。欧拉曾说,他的遗稿大概够彼得堡科学院用二十年,但实际上在他去世后八十年,彼得堡科学院院报还在发表他的论著!

取得如此成就的欧拉从来没有说过任何豪言壮语,死后也保持了惊人的低调,他的墓碑上只有短短的一行字:彼得堡科学院院士——莱昂哈德·欧拉。

任何成功的背后都充满汗水,汗水比言语更有说服力!

数学王子

高斯(1777—1855 年),德国数学家,他和牛顿、阿基米德被誉为有史以来的世界三大数学家。高斯是近代数学奠基者之一,有"数学王子"之称,图 21 是他的画像。

图 21

高斯幼时家境贫困,但聪敏异常,受到一个贵族的资助才得以进入学校接受教育。他于 1795—1798 年在哥廷根大学学习,1798 年转入黑尔姆施泰特大学,翌年因证明代数基本定理获博士学位,从 1807 年起担任哥廷根大学教授兼哥廷根天文台台长,直至逝世。

他幼年时就表现出超人的数学天赋。高斯最出名的故事就是他八岁时,老师出了一道算术题:计算 $1+2+3+\cdots+100=?$ 这道题本是为了难为初学算术的学生,但高斯却很快就将答案解了出来,他把数一对对地凑在一起:$1+100,2+99,3+98,\cdots,49+52,50+51$,这样的组合有 50 对,所以答案很快就可以求出:$101\times50=5050$。

高斯的数学研究几乎遍及所有领域,在数论、代数学、非欧几何、复变函数和微分几何等方面都做出了开创性的贡献。他还把数学应用于天文学、大地测量学和磁学的研究。高斯的数论研究成果主要总结在《算术研究》中,这本书奠定了近代数论的基础,它不仅是数论方面的划时代之作,也是数学史上不可多得的经典著作之一。高斯对代数学的重要贡献是证明了代数基本定理,他的存在性证明开创了数学研究的新途径。高斯深入研究复变函数,建立了一些基本概念,并发现了著名的柯西积分定理。他还发现椭圆函数的双周期性,但这些成果在他生前都没发表出来。1828 年，高斯出版了《关于曲面的一般研究》，全面系统地阐述了空间曲面的微分几何学，并提出内蕴曲面理论。

高斯一生共发表 155 篇论文，他对待学问十分严谨，只有他自己认为是十分成熟的作品才发表出来。其著作还有《地磁概念》和《论与距离平方成反比的引力和斥力的普遍定律》等。

隐没的天才阿贝尔

阿贝尔（1802—1829 年），挪威数学家，他被公认为是现代数学之先驱，阿贝尔和法国的伽罗华、印度的拉马努金，是世界上最具传奇色彩的三大青年数学家，也是三个最不幸的英年早逝的数学家，图 22 是阿贝尔的画像。

图 22

阿贝尔从小家庭贫困，父亲早逝，18 岁的他就担负起照顾母亲和 6 个弟妹的担子。他的性格温和而乐观，从不抱怨什么。在老师霍姆彪的资助下，他顺利进入奥斯陆大学就读。在大学里，他学习了众多数学家的著作，包括牛顿、欧拉、拉格朗日、高斯等，同时花了大量的时间做研究。

1824 年，阿贝尔发表了他的重要论文《一元五次方程没有代数一般解》，对于这个问题，无数伟大的前辈们曾竭尽全力，也没有达到预期的目的。他把论文寄给了当时有名的数学家高斯，可惜高斯错过了这篇论文，他甚至厌恶地喊道："这是什么怪物！"这也难怪，在 1824 年，一元五次方程问题几乎与化圆为方问题相当，与现在的哥德巴赫猜想相当。如果高斯肯耐着性子看一眼，是可以读到一些使他感到有价值的内容的。

同样不幸的是，1826 年，阿贝尔把他的论文《论非常广泛的一类超越函数的一般性质》呈交给巴黎科学院时，勒让德和柯西被任命为评阅人。74 岁的勒让德抱怨："淡得几乎是白色的墨水写的，字写得很糟！"39 岁的柯西则把论文带回家后，就不知道放在什么地方了，这也是他犯下的两次最大的错误之一。

在巴黎期间，阿贝尔患上了肺结核病，1828 年冬天，阿贝尔的病情越来越重，直到 1829 年 4 月 6 日凌晨，阿贝尔去世。在阿贝尔去世前不久，人们终于认识到了他的价值。1828 年，四名法国科学院院士联名上书给挪威国王，请求为阿贝尔提供合适的科学研究职位，勒让德也在科学院会议上对阿贝尔大加称赞。

1829 年，就在阿贝尔死后两天，阿贝尔被任命为柏林大学数学教授。可惜，一代天才数学家已经在收到该消息之前去世了。此后,荣誉和褒奖接踵而来,1830年,阿贝尔和卡尔·雅可比共同获得了法国科学院大奖。阿贝尔虽然只活了短短的27年,但法国数学家埃尔米特就曾评价阿贝尔说:"阿贝尔留下的工作够数学家忙上150年。"

2001年,为了纪念天才数学家阿贝尔诞辰二百周年,挪威政府宣布设立阿贝尔奖,并拨款2亿挪威克朗作为启动资金,设立阿贝尔奖的宗旨在于提高数学在社会上的地位,同时激发青少年学习数学的兴趣。

从2003年起,阿贝尔奖每年六月份颁发,并由挪威自然科学与文学院的五名数学家院士组成的委员会负责宣布获奖人,获奖金额与诺贝尔奖相近,从此,阿贝尔奖被视为数学界的最高荣誉之一,它填补了诺贝尔奖中无数学奖的遗憾。

希尔伯特的 23 个问题

希尔伯特的出生地哥尼斯堡是拓扑学的发祥地,也是哲学家康德的故乡。每年4月22日,康德的墓穴都会对公众开放。此时,年幼的希尔伯特总会被母亲带去,向这位伟大的哲学家致敬,图23是希尔伯特的画像。

图 23

希尔伯特八岁时入学,比当时一般孩子晚两年。他所就读的冯检基书院(Friedrichskolleg)正是当年康德的母校。

1900年,第二届国际数学家大会在法国巴黎举行,38岁的大卫·希尔伯特在会上做了题为《数学问题》的著名讲演,提出了新世纪所面临的23个数学问题。这23个问题涉及现代数学的大部分重要领域,对这些问题的研究有力地推动了20世纪各个数学分支的发展。

1975年,在美国伊利诺斯大学召开的一次国际数学会议上,数学家们回顾了四分之三个世纪以来,希尔伯特23个问题的研究进展情况。当时统计结果为,约有一半问题已经解决了,其余一半的大多数也都有重大进展。

1976年,在美国数学家评选的自1940年以来美国数学的十大成就中,有三项就是希尔伯特第1、第5、第10问题的解决。由此可见,能解决希尔伯特问题是当代数学家的无上殊荣。

著名的哥德巴赫猜想就是希尔伯特23个问题中素数问题的一部分,目前的最佳结果是中国数学家陈景润于1966年提出的,但离完全解决尚有距离。

由于希尔伯特个人巨大的影响,使得许多数学家研究他提出的问题,很大程度上促进了数学的发展。还有些问题至今没有解决,最有名的是黎曼猜想。二十世纪依然有很多重要的问题,比如韦伊猜想,它们的提出或多或少都受希尔伯特问题的影响,这才是希尔伯特提出问题的最大贡献。

数学家的墓碑

一些数学家生前献身于数学研究,死后其墓碑上往往刻着某些图形或某些数,这些形和数,展现着他们一生的执着追求和闪光的业绩,激发后人对数学的兴趣,启迪后人的智慧。

一、阿基米德的墓碑

古希腊数学家阿基米德的墓碑上刻着一个"圆柱容球"的几何图形,即圆柱容器里放了一个球,该球顶天立地,四周接边,如图 24 所示。在该图形中,球的体积是圆柱体积的 $\frac{2}{3}$,并且球的表面积也是圆柱表面积的 $\frac{2}{3}$,这是阿基米德最为满意的一个数学发现。

图 24

他的著作《论球与圆柱》中,命题 34 的陈述是:任一球的体积等于一圆锥体积的 4 倍,该圆锥以球的大圆为底,高为球的半径。实际上,他的墓志铭就是这个命题的推论。

二、丢番图的墓碑

古希腊的大数学家丢番图,生活于公元 246 年到公元 330 年之间,距现在有二千年左右了。丢番图著有《算术》一书,共十三卷。这些书收集了许多有趣的问题,每道题都有出人意料的巧妙解法,这些解法启迪人的智慧,以致后人把这类题目叫作丢番图问题。

丢番图墓碑上有一道数学题:过路的人!这儿埋葬着丢番图。通过下面运算,便可知他的年龄。他一生的六分之一是幸福的童年,十二分之一是无忧无虑的少年。再过去七分之一的时间,他建立了幸福的家庭。五年后儿子出生,不料儿子竟先其父四年而终,只活到父亲年龄的一半。他在悲痛之中度过了风烛残年。请你算一算,丢番图活到多大才和死神见面?

三、鲁道夫之墓

鲁道夫·范·科伊伦（Ludolph van Ceulen，1540—1610 年）在 1600 年成为荷兰莱顿大学的第一位数学教授，但其把主要精力放在了求解圆周率的更精确的值上。他选择了简单而繁琐的阿基米德式方法对圆周率进行逼近，最后得到墓碑上的结果，使用的多边形达到 262 条边，把圆周率算到小数点后 35 位，是当时世界上最精确的圆周率数值。对于这位数学家来说，一个数字足以给他的生命无与伦比的光环和荣耀。

是的，他墓碑上的主要内容就是一个 π 的精确到小数点后 35 位的近似值：π ＝3.14159265358979323846264338327950288。

把一件事情做到极致，那就是伟大。鲁道夫的这种精神无疑让很多人佩服，以至于圆周率在德国被称为"鲁道夫数"。

四、牛顿的墓碑

牛顿的墓位于威斯敏斯特教堂的"科学家之角"。墓碑由威廉·肯特（1685—1748 年）设计，麦克尔·赖斯布拉克（1694—1770 年）雕刻，所用材料为灰白相间的大理石。石棺上镶有图板，描绘的是一群男孩在使用牛顿的数学仪器。石棺上方为牛顿斜卧姿态的塑像，他的右肘支靠处，绘列着他为人熟知的几项创举。他的左手指向一幅由两个男孩持握的卷轴，卷面展示着一项数学设计。背景雕塑是一个圆球，球上画有黄道十二宫和相关星座，还描绘着出现于 1680 年的那颗彗星的运行轨迹。墓碑上的拉丁铭文为：此地安葬的是艾萨克·牛顿勋爵，他用近乎神圣的心智和独具特色的数学原则，探索出行星的运动规律和形状、彗星的轨迹、海洋的潮汐、光线的不同谱调和由此而产生的其他学者以前所未能想象到的颜色的特性。

五、雅各布的墓碑

雅各布·伯努利（Jakob Bernoulli，1654—1705 年），伯努利家族代表人物之一，瑞士数学家，公认的概率论的先驱之一。他是最早使用"积分"这个术语的人，也是较早使用极坐标系的数学家之一，还较早阐明随着试验次数的增加，频率稳定在概率附近。他还研究了悬链线，确定了等时曲线的方程。概率论中的伯努利试验与大数定理也是他提出来的。

雅各布·伯努利很早就发现等角螺线经过各种适当的变换之后仍是等角螺线。雅各布·伯努利对于这些性质感到十分惊奇，决定把等角螺线作为自己的墓志铭，还加上一句双关语"Eadem mutata resurgo"（纵使改变，依然故我）。但为他雕刻墓碑的工匠也许是数学水平不高,也许就是嫌麻烦,最后给墓碑上雕刻的图竟是与等角螺线毫不相关的阿基米德螺线。雅各布·伯努利若泉下有知,怕是死不瞑目了。

六、高斯的墓碑

高斯的墓碑朴实无华,仅镌刻"高斯"二字。为纪念高斯,其故乡布伦瑞克改名为高斯堡。高斯去世后,按照他的遗愿,哥廷根大学立了一个以正十七棱柱为底座的纪念像,以纪念他少年时最重要的发现。在慕尼黑博物馆悬挂的高斯画像上有这样一首诗:他的思想深入数学、空间、大自然的奥秘,他测量了星星的路径、地球的形状和自然力,他推动了数学的发展,直到下个世纪。

七、陈省身之墓

陈省身的墓碑由两块石头组成,一块是汉白玉,另一块是贴在白色汉白玉上的黑色花岗岩。墓碑高 2.1 米,是一面凹、一面凸、一面平的三面体,整体横截面为曲边三角形,象征数学史上著名的高斯-邦内-陈(Gauss-Bonnet-Chern)公式的最简单的情形,近似于陈省身代表性论文中的几何图案。墓碑的正面犹如一块黑板,"黑板"上部以白字刻着陈省身当年证明高斯-邦内-陈公式的手迹,下部刻着陈省身夫妇的姓名。此外别无他物,体现了数学家"简朴的生平"。整个朴素的墓园犹如一个开放的露天教室,随时欢迎人们来这里自由自在地辩论。

"黑板"为墓碑,公式为墓志铭。这是因为陈省身喜欢黑板,九旬高龄时仍为南开学生开课讲授"数学之美"。他多次表示,自己愿与夫人郑士宁合葬在南开校园,丧事从简,不要坟头,不立墓碑,墓前栽上几株小树,再挂一面黑板,供人演算数学。

八、陈景润的墓碑

陈景润的墓碑非常有特色,有两块非常大的大理石,一红一白,分别铸成两个大大的数字,白色的"1"和红色的"2",如图 25 所示,代表的是陈景润在 1973 年 3 月 2 日发表的著名论文《大偶数表为一个素数及一个不超过二个素数的乘积之和》(即"1+2")。这篇文章把几百年来人们未曾解决的哥德巴赫猜想的证明大大推进了一步,引起轰动,而他发表的成果在国际上被命名为"陈氏定理"。

图 25

"哥德巴赫猜想"这一 200 多年悬而未决的世界级数学难题,被誉为"数学皇冠上的明珠",陈景润一生为之呕心沥血。

2002 年,国际级数学大师、微分几何之父、沃尔夫奖获得者陈省身在世界数学家大会上为少年儿童题词"数学好玩"。游戏是孩子的天性,要让孩子们从游戏中发现问题的本质,感受数学的魅力。通过数学游戏,学生不仅能巩固课堂上学习的知识,还能通过实践学以致用,进而提高认知能力、增强学习兴趣、激发想象力、启迪创造性思维、接受头脑体操的训练,玩出好成绩,玩出科学思维。

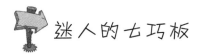

迷人的七巧板

七巧板,顾名思义,它由 7 块板组成,分别为 2 个大等腰直角三角形、1 个中等腰直角三角形、2 个小等腰直角三角形、1 个正方形和 1 个平行四边形,又称"七巧图""智慧板",与九连环、华容道并称为我国古代"智力游戏三绝"。七巧板如图 1 所示。七巧板是启发儿童智力的良好伙伴,培养儿童的观察力、想象力、形状分析能力及创造能力。七巧板可以用来帮助学生学习基本逻辑关系和数学概念,认识各种几何图形、数字,认识周长和面积的意义等,是一款非常好的益智游戏。

那么,七巧板是何时发明的呢?现在专家们普遍认为七巧板是由宋代"燕几图"演变而来的,演变的过程大致是:宋代"燕几图"—明代"蝶翅几"—清初七巧板。燕几图如图 2 所示。"燕"同"宴","燕几"就是用于宴请宾客的几案,它的创始人是北宋晚期的黄伯思,它是由 6 件长方形几案组成,可以随宾客人数多少而任意分合。

七巧板

图1

燕几图

图2

"蝶翅几"是明代严澄发明的。"蝶翅几"摒弃了只用长方形进行组合的方式,采用多种形态组合在一起的方式,包括直角梯形、三角形等,每套多至 13 件。"蝶翅几"有各种复杂有趣的形状,流传于世的《蝶几谱》中记载有山、亭、叶、花瓶、蝴蝶等形状百余种。

七巧板在明、清两代广泛流传,清陆以湉在《冷庐杂识》卷一中写道:近又有七巧图,其式五,其数七,其变化之式多至千余。体物肖形,随手变幻,盖游戏之具,足以排闷破寂,故世俗皆喜为之。

18世纪,七巧板传到国外,立刻引起人们极大的兴趣。有些外国人通宵达旦地玩它,并给它起了很多好听的名字,如"唐图""东方魔板"等。至今英国剑桥大学的图书馆里还珍藏着一部《七巧新谱》。美国作家埃德加·爱伦坡特竟用象牙精制了一副七巧板。法国拿破仑在流放生活中也曾用七巧板作为消遣玩具,是七巧板的狂热爱好者。

1978年,荷兰学者曾编纂了一本名叫《七巧图》的书,书中搜罗了一千六百多种由七巧板拼凑出来的图形,该书被译成多国文字,在欧洲出版发行,成为风靡一时、男女老少喜爱的畅销书。有这么多名人与人民大众成为七巧板的狂热爱好者,这种现象实在令人叹为观止。七巧板也由此一跃成为风行一时的国际性智力玩具。《中国科学技术史》的作者李约瑟博士曾经赞叹:"中国七巧板比西方魔方、魔棍、魔球更具有迷人的智慧魅力。"

据说,七巧板在文学创作中还有一段故事呢!

唐朝高宗皇帝仪凤年间,狄仁杰调任河北道北州刺史。一日,狄仁杰接到禀报,蓝大魁死了。蓝大魁这个人,狄仁杰是知道的,此人身材雄伟,相貌俊朗,嗜好是玩七巧板,能在刹那间将见到的东西拼出来。他经常拿这一绝活与人比赛打赌,从未输过,并且拼出来的图形惟妙惟肖,极为生动。狄仁杰的助手陶甘曾让他拼一座鼓楼,他即刻便得;又让他拼一匹奔驰的马,他也一拼而就;接着让他拼一个在公堂告状的人,他也立马得之;又让他拼一个喝醉了酒的衙役和一个翩翩起舞的少年,他也不费吹灰之力便拼出。图3是他拼出的对应图形。

图3

蓝大魁临死之前,想利用他最擅长的七巧板来指出凶手,便仓促摆出一个图形,但只摆了6块就死了,最后一块三角形还紧紧握在右手中,身体倒地时,又碰歪了已摆好的图形,如图4(a)。

这可难住了狄仁杰,蓝大魁到底是想摆出什么图形来指出凶手呢?冥思苦想之后,狄公摆出了一只猫的图案,如图4(b),得到了答案。原来,和蓝大魁有牵连的人中,有一个叫陆陈氏的妇女,她的外号叫"小猫"。于是狄仁杰信心十足地指出她是凶手。岂料陆陈氏也会玩七巧板,她三下五除二就把狄公摆出的"猫"形图形变成了一只"鸟",如图4(c)。当然,神探狄仁杰可不是浪得虚名。后来,狄仁杰通过开棺验尸,找到了治罪陆陈氏的证据,并将其绳之以法。

这就是荷兰外交家、小说家高罗佩所创作的《大唐狄公案》中的铁钉案。七巧板如此神奇,你是否想一探究竟呢?

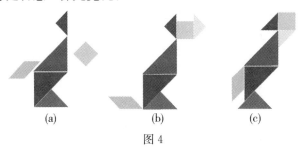

(a)　　　　　　(b)　　　　　　(c)

图4

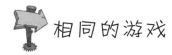 相同的游戏

有些游戏表面上看似乎不一样,但实际的结构却相同。下面这两种两人玩的游戏即是如此。

一、游戏规则

(1)从扑克牌中抽出方块 A 及从 2 至 9 这 9 张牌。将这 9 张牌正面朝上放在桌子上,把 A 当作 1,玩的人轮流取一张牌,手上 3 张牌的点数之和最先达到 15 的人赢。

(2)将 XMAS、RUM、HOME、BABY、TURKEYS、HOLLY、GANDLE、CRIB、SOCK 这 9 个英文单词写在不同的卡片上,再把它们正面朝上放在桌子上。两人轮流各抽 1 张卡片,最先使手上的 3 张卡片具有一个共同的字母的人赢。

二、解答与分析

这两种游戏的结构相同。

第 1 个游戏中,1 到 9 这 9 张卡片中的 3 张之和为 15 的情形和方阵中的任一行、任一列或对角线的数字总和为 15 的情况一样,如图 5 所示。

第 2 个游戏中所选择的 9 个单词可排成如图 6 所示的 3×3 阵列。同一列、同一行或对角线的 3 个单词均出现一个共同的字母。

8	1	6
3	5	7
4	9	2

图 5

XMAS	RUM	HOME
BABY	TURKEYS	HOLLY
GANDLE	CRIB	SOCK

图 6

快加 24

"快加 24"是一种数学游戏,正如象棋、围棋一样是一种人们喜闻乐见的娱乐活动。它始于何年何月已无从考究,但它以自己独具的数学魅力和丰富的内涵,正逐渐被越来越多的人所接受。这种游戏方式简单易学,能健脑益智。

一、游戏规则

这个游戏可以两个人玩,也可以四个人玩。将一副牌中的大、小王抽去,还剩下 52 张,J、Q、K 可以当成是 11、12、13,也可以都当成 1。任意抽取 4 张牌,用加、减、乘、除(可加括号)把牌面上的数算成 24,每张牌必须用一次且只能用一次。谁先算出来,4 张牌就归谁,如果无解就各自收回自己的牌,哪一方把所有的牌都赢到手中,就获胜了。

二、基本方法

(1)利用 $3×8=24$、$4×6=24$ 求解。

把牌面上的四个数想办法凑成 3 和 8、4 和 6,再相乘求解。如 3、3、6、10 可组成 $(10-6÷3)×3=24$ 等。又如 2、3、3、7 可组成 $(7+3-2)×3=24$ 等。实践证明,这种方法是利用率最大、命中率最高的一种方法。

(2)利用 0、11 的运算特性求解。

如 3、4、4、8 可组成 $3×8+4-4=24$ 等。又如 4、5、11、13 可组成 $11×(5-4)+13=24$ 等。

(3)在有解的牌组中,用得最为广泛的是以下六种解法(我们用 a、b、c、d 表示牌面上的四个数):

①$(a-b)×(c+d)$,如 $(10-4)×(2+2)=24$ 等。

②$(a+b)÷c×d$,如 $(10+2)÷2×4=24$ 等。

③ $(a-b\div c)\times d$,如 $(3-2\div 2)\times 12=24$ 等。

④ $(a+b-c)\times d$,如 $(9+5-2)\times 2=24$ 等。

⑤ $a\times b+c-d$,如 $11\times 3+1-10=24$ 等。

⑥ $(a-b)\times c+d$,如 $(4-1)\times 6+6=24$ 等。

巧排顺序

有 1～K 共 13 张牌,表面上看顺序已乱(实际上已按一定顺序排好),将其第 1 张放到第 13 张后面,取出第 2 张,再将手中的牌的第 1 张放到最后,取出第 2 张,如此反复进行,直到手中的牌全部取出为止,最后向观众展示的顺序正好是 1,2,3,…,10,J,Q,K。

请你试试看!

扑克牌的顺序为:7,1,Q,2,8,3,J,4,9,5,K,6,10。你知道这是怎么排出的吗? 利用"逆向思维",将按 1,2,3,4,5,6,7,8,9,10,J,Q,K 顺序排好的扑克牌按开始的操作过程反向做一遍即可。

有趣的抢 30 游戏

"抢 30"游戏是一个非常有趣的数学游戏,具有很强的对抗性和娱乐性。记得在一次数学活动课上,肖爷爷与同学们做了一个有趣的游戏,游戏的规则是:两人从 1 开始轮流报数,每人每次都要接着对方所报的自然数往后报,至少报 1 个,至多报 2 个,谁先报到 30,谁就失败。大家争先恐后地抢答。昊昊是数学课代表,当然更想赢了,赢了不但有面子,更重要的是还能获得一套肖爷爷亲笔签名的精美书签呢! 可是,前几个挑战的同学都输了。为什么肖爷爷每次都赢啊? 这里面一定有规律,昊昊悄悄地把肖爷爷每次说的数字记下来:2、5、8、11、14、17、20、23、26、29。很快发现,这些数除以 3 以后,余数都是 2。这个规律太好了,它是一个循环问题,也就是说,只要抓住上面这些关键数,即除以 3 余 2 的数,就一定获胜了。于是,当昊昊回答时,先报了两个数 1,2,结果如愿以偿地得到了那套非常有纪念意义的书签。

肖爷爷问题的推广:两人从 1 开始轮流报数,每人每次都要接着对方所报的自然数往后报,至少报 1 个,至多报 2 个,谁先报到自然数 n,谁就赢。可以用 n 除以 3。

(1)如果能够整除,就让对方先报,假如对方报 1,我们就报 2、3,假如对方报 1、2,我们就报 3。只要我们能够把握住所有 3 的倍数这些关键数,如 3、6、9、12、15……就一定稳操胜券。

(2)如果不能整除,假如余 1,我方先报 1。如果对方报 2,我们就报 3、4;如果对方报 2、3,我们就报 4。在每个循环中,一定要报到被 3 除余 1 的关键数,如 1、4、7、10、13……就会胜利。

(3)如果不能整除,假如余 2,我方先报 1、2。如果对方报 3,我们就报 4、5;如果对方报 3、4,我们就报 5。在每个循环中,一定要报到被 3 除余 2 的关键数,如 2、5、8、11、14……同样一定会取得胜利。

上题中为什么除以 3 呢? 因为最少报 1 个,最多报 2 个,1+2=3,每 3 个数循环一次,所以我们要除以 3。

这道题的再思考:两人从 1 开始轮流报数,每人每次都要接着对方所报的自然数往后报,至少报 1 个,至多报 3 个,谁先报到自然数 n 谁就赢。因为最少报 1 个,最多报 3 个,1+3=4,所以用自然数 n 除以 4。

(1)如果 n 能被 4 整除,我们就后报,当对方报 1,我们就报 2、3、4;当对方报 1、2,我们就报 3、4;当对方报 1、2、3,我们就报 4。总之,4 的倍数都是关键数,只要把这些数抓住,一定能获胜。

(2)如果余数是 1。我们就要先报,我们报 1,对方报 2,我们就报 3、4、5;对方要报 2、3,我们就报 4、5;对方要报 2、3、4,我们就报 5。也就是说所有的被 4 除余 1 的数都是关键数,把这些关键数把握住就可以了。

(3)如果余数是 2,同样道理。我们还是要先报,我们报 1、2,然后把握住所有被 4 除余 2 的关键数就可以了。

(4)如果余数是 3,我们仍然要先报 1、2、3,以后要把握住所有被 4 除余 3 的关键数。

此题还可以扩展:如果最少报 1 个,最多报 a 个,那么每($1+a$)个数循环一次。我们就要用 n 去除以($1+a$),再按照上面的方法类推即可。

很多报数游戏里的最后数都是些比较小的数,因此用逆推法也可比较容易得到答案。如果最后数比较大,还是用上面的方法比较好。

学习了上面的内容,你能回答下面的问题吗?

(1)1024 个空格子排成一排,第一格放有一个棋子。两人做游戏,轮流移动这枚棋子,每个人每次可前移 1 到 5 个格子,谁先把棋子移到最后一格,谁就是获胜者。问怎样的策略才能保证获胜。

(2)桌上放着一堆火柴,共有 1000 根。两个人轮流从中取火柴,每人每次取的火柴根数为 1 到 8 根,谁取了最后一根谁就输。问怎样的策略才能保证获胜。

巧填幻方

什么叫幻方？把一些有规律的数填在纵、横格数都相等的正方形图内，使每一行、每一列和每一条对角线上各个数之和都相等。这样的方阵图叫作幻方。

幻方又分为奇数阶幻方和偶数阶幻方。奇数阶幻方是指横行、竖列都是单数（即3、5、7、9……）的方阵图。偶数阶幻方是指横行、竖列都是双数（即4、6、8、10……）的方阵图。

近年来，有关填幻方的方法有很多，下面介绍一些比较简单的方法，供大家学习参考。

一、巧填三阶幻方

例：将1～9这九个数填入3×3方格中，使每行、每列和每条对角线上的三个数字之和都相等。填法分四步：

(1)长头、长脚、长翅膀。如图7所示。

(2)斜填。如图8所示。

图7

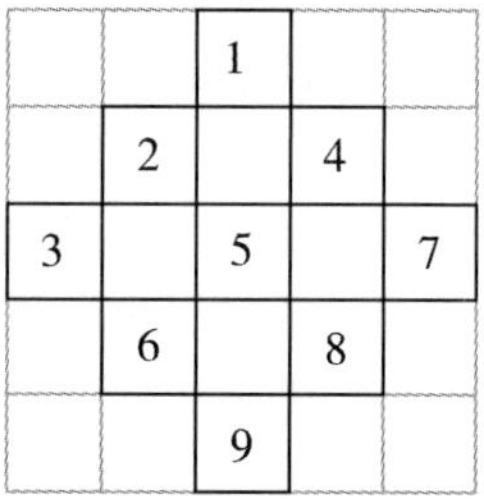

图8

(3)互换。如图9所示。

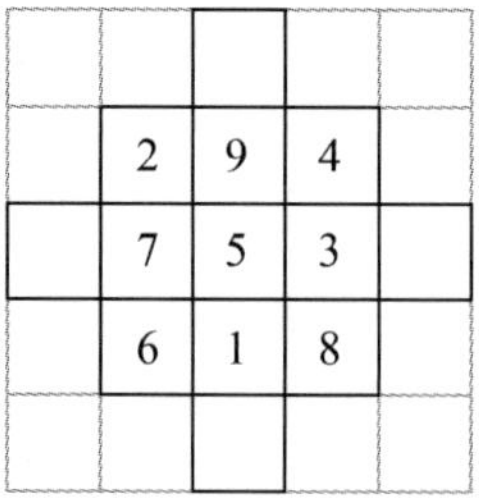

(4)完成。如图10所示。

2	9	4
7	5	3
6	1	8

图9

2	9	4
7	5	3
6	1	8

图10

二、巧填四阶幻方

例：将1～16这十六个数填入4×4方格中，使每行、每列和每条对角线上的四个数字之和都相等。填法分两步：

(1)顺序填数。先把1放在四阶幻方4个角的任意一个角格，沿同一个方向按顺序依次填写其余数。如图11所示，按行从左向右顺序排数。

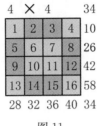

图11

(2)互换数字。以中心点为对称点来对称互换数字(有两种对称交换的方法)。

方法一：如图12，以中心点为对称点，对称交换对角线上的数(即1与16、4与13、6与11、7与10互换)，完成幻方，幻和值为34。

方法二：如图13，以中心点为对称点，对称交换非对角线上的数(即2与15、3与14、5与12、8与9互换)，完成幻方，幻和值为34。

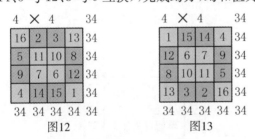

图12   图13

三、巧填五阶幻方

例：将1～25这二十五个数填入5×5方格中，使每行、每列和每条对角线上的五个数字之和都相等。

填法分四步："1"坐边中间，斜着把数填；出边填对面，遇数往下旋；出角仅一次，转回下格间。如图14所示。

注意：

(1)首先在最上一排最中间写上"1"，然后分别在这个幻方四周画出四个同样大小的幻方。

(2)然后在"1"的右斜上方写上"2",并在主幻方中对应的相同位置写上"2"。

(3)根据主幻方上空格处依次往右面的空格填入自然数。

(4)若不在格子的边缘便碰到了数字,则跳到下一格,然后继续向右斜上方填数,奇数阶幻方都是如此填写。

17	24	1	8	15
23	5	7	14	16
4	6	13	20	22
10	12	19	21	3
11	18	25	2	9

图 14

上面这种方法不仅能很快地填出五阶幻方,还能很快地填出七阶幻方、九阶幻方。

四、巧填六阶幻方

例:将 1~36 这三十六个数填入 6×6 方格中,使每行、每列和每条对角线上的六个数字之和都相等。

可采用对调法,方法如下:

(1)如图 15,顺序填数。

6×6						111
1	2	3	4	5	6	21
7	8	9	10	11	12	57
13	14	15	16	17	18	93
19	20	21	22	23	24	129
25	26	27	28	29	30	165
31	32	33	34	35	36	201
96	102	108	114	120	126	111

图15

(2)如图 16,交换对角线数字。

6×6						111
36	2	3	4	5	31	81
7	29	9	10	26	12	93
13	14	22	21	17	18	105
19	20	16	15	23	24	117
25	11	27	28	8	30	129
6	32	33	34	35	1	141
106	108	110	112	114	116	111

图16

(3)如图 17,根据每一列的和值,调整行间的数,使列的和值相等。

(4)如图 18,根据每一行的和值,调整列间的数,使行的和值相等。

6×6						111
36	2	4	3	5	31	81
12	29	9	10	26	7	93
13	17	22	21	14	18	105
19	20	16	15	23	24	117
25	11	27	28	8	30	129
6	32	33	34	35	1	141
111	111	111	111	111	111	111

图17

6×6						111
36	32	4	3	5	31	111
12	29		10	26	7	111
19	17	22	21	14	18	111
13	20	16	15	23	24	111
25	11		28	8	30	111
6	2	33	34	35	1	111
111	111	111	111	111	111	111

图18

偶阶幻方分两类：

（1）双偶数幻方：四阶幻方，八阶幻方，…，$4k$ 阶幻方，可用"对称交换法"，方法很简单：

①把自然数依次排成方阵。

②把幻方划成 $4×4$ 的小区，每个小区划对角线。

③这些对角线所划到的数保持不动。

④以幻方的中心为对称点，把没划到的数按中心对称的方式进行对调，幻方完成！

（2）单偶数幻方：六阶幻方，十阶幻方，…，$(4k+2)$ 阶幻方，方法是比较复杂的，读者可自行探究。

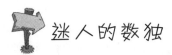

迷人的数独

数独游戏是对智慧和毅力的考验。在这看似简单的小小一方九宫格上，去感悟成功与失败一线间的体会。玩法：每一道合格的数独谜题都有且仅有唯一答案，推理方法也以此为基础，任何无解或多解的题目都是不合格的。数独是目前全球最流行的填数字游戏，玩家遍布美洲、欧洲、亚洲及大洋洲，三十多个国家或地区的报纸上都看得到这些九宫格的踪影。

7	2	9
3	6	4
1	5	8

图19

既然"数独"有一个字是"数"，人们也往往会联想到数学，那就不妨从大家都知道的数学家欧拉说起。但凡想了解数独历史的玩家在网络、书籍中搜索时，各种资料会共同提到的就是欧拉的"拉丁方阵（Latin square）"，如图 19 所示。

19 世纪 80 年代，一位美国的退休建筑师格昂斯（Howard Garns）根据这种拉丁方阵发明了一种填数趣味游戏,这就是数独的雏形。20 世纪 70 年代,人们在美国纽约的一本益智杂志 *Math Puzzles and Logic Problems* 上发现了这个游戏,当时被称为填数字(Number Place),这也是目前公认最早的见报版本的数独。

一、游戏规则

图 20 为数独游戏示意图。数独是一种运用纸、笔进行演算的逻辑游戏,玩家需要根据 9×9 盘面上的已知数字,推理出所有剩余空格的数字,并满足每一行、每一列、每一个粗线宫内的数字均含 1~9 且不重复。每一道合格的数独谜题都有且仅有唯一答案,推理方法也以此为基础,任何无解或多解的题目都是不合格的。

图 20

二、数独赛事

世界数独锦标赛:该赛事是由世界智力谜题联合会组织的最高水准的国际性数独赛事,每年举办一次,由不同的会员国和地区轮流申请举办。首届比赛于 2006 年在意大利的卢卡举办,第八届于 2013 年在北京举办。每年由世智联在各国的唯一授权组织选拔国家队参加。

北京国际数独大奖赛:这是由北京广播电视台主办的一项国际数独赛事,该赛事奖金较高,也吸引了国际上众多高手踊跃参与,给国内高手提供了一个可以与国外高手同场竞技的平台。

中国数独锦标赛:该赛事由国内的世智联授权组织每年举办一次,目的是选拔出当年的数独高手,组队参加一年一度的世界数独锦标赛。该比赛不设置门槛,无论新人还是老手均可参加。

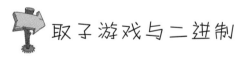 取子游戏与二进制

这是一个非常有趣的游戏,游戏规则如下:设有 $k \geqslant 1$ 堆石子,各堆分别含有 $N_1, N_2, \cdots, N_k$ 个石子。具体玩法如下:

(1)两个人交替进行游戏(甲:第一个取子者;乙:第二个取子者)。

(2)当轮到某个人取子时,选择这些堆中的一堆,并从所选的堆中取走至少一个石子或取走他所选堆中的全部石子。

（3）当所有的堆都变成空堆时，最后取子的人即为胜者。

这个游戏中的变量是堆数 k 和各堆的石子数 $N_1, N_2, \cdots, N_k$。对应的组合问题是，确定甲获胜还是乙获胜以及两个人应该如何取子才能保证自己获胜（获胜策略）。

为了进一步理解取多堆石子的游戏，我们先考查某些特殊情况。

（1）如果游戏开始时只有一堆石子，则甲可以通过取走所有的石子而获胜。

（2）现在设有 2 堆石子，且石子数量分别为 N_1 和 N_2。谁能取得胜利并不取决于 N_1 和 N_2 的值具体是多少，而是取决于它们是否相等。

①设 $N_1 \neq N_2$，甲从大堆中取走石子后使得剩余两堆石子数量相等，于是，甲以后每次取子的数量与乙相等而最终获胜。

②但是如果 $N_1 = N_2$，则乙只要按着甲取子的数量在另一堆中取相等数量的石子，最终获胜者将会是乙。

这样，两人的获胜策略就已经找到了。

（3）如果是 3 堆石子，情况就比较多了。

当 3 堆石子的数目为下列几种情形时：

①1、1、1。先拿必赢，选择留下 1、1。

②n、1、1。先拿必赢，在 1、1、1，n、1 和 1、1 中选择留下 1、1。

③n、n、1。先拿必赢，在 n、1、1，n、1 和 n、n 中选择留下 n、n。

④n、n、n。先拿必赢，在 n、n、1 和 n、n 中选择留下 n、n。

当 3 堆石子的数目都不相等时，例如：有 3 堆数目分别为 12、10、7 的石子，现在有两人从石子堆里面轮流取走石子（可以将整堆石子全部取走），但是每次只能选其中一堆石子取。谁将最后一块石子取走，谁就获胜了。

假设 A、B 两个人参与了这个游戏，游戏过程如表 1 所示。

表 1　游戏过程

游戏情形	第 1 堆石子数目	第 2 堆石子数目	第 3 堆石子数目
三堆石子最初的情形	12	10	7
A 取完第一次之后	12	10	6
B 取完第一次之后	12	7	6
A 取完第二次之后	1	7	6
B 取完第二次之后	1	5	6
A 取完第三次之后	1	5	4

（续表）

游戏情形	第 1 堆石子数目	第 2 堆石子数目	第 3 堆石子数目
B 取完第三次之后	1	3	4
A 取完第四次之后	1	3	2
B 取完第四次之后	1	2	2
A 取完第五次之后	0	2	2
B 取完第五次之后	0	1	2
A 取完第六次之后	0	1	1
B 取完第六次之后	0	0	1
A 取完第七次之后	0	0	0

我们可以看出，A 拿到了最后一块石子，所以，最后的获胜者是 A。你知道有什么方法使 A 一定能够拿到最后一块石子吗？

为了解决这个问题，我们需要借助二进制数来表示。首先我们用二进制数来表示数字 12、10、7。具体表示为：$(12)_{10} = (1100)_2$，$(10)_{10} = (1010)_2$，$(7)_{10} = (0111)_2$（最高位不够 4 位，添 0 补位）。

在上述三个二进制数中，除最后面的数外，其他二进制数中都有两个 1，这时 A 取石子，就要挑对应二进制数中没有 1 或者有奇数个 1 的那堆，也就是第三堆石子，因为第三堆石子数目为 7，相应二进制数表示为 111，符合上述条件。拿过之后三堆石子数目变为：$(12)_{10} = (1100)_2$，$(10)_{10} = (1010)_2$，$(6)_{10} = (0110)_2$（最高位不够 4 位，添 0 补位）。

接下来，由 B 来取石子，他会想方设法破坏上述的数字状态，这时只要 A 再将其恢复过来就可以了。每次都是如此，A 总是想方设法使三堆石子数目的二进制表达中都有偶数个 1。

将三个正整数组合以二进制形式表示，当所有数字的二进制形式中都有偶数个 1 时，称这样的数字组合为平衡位，否则为非平衡位。

任何平衡位都可以被破坏成为非平衡位，同样地，任何非平衡位都可以被修正为平衡位。所以，当三堆石子数目组合为非平衡位时，只要将其修正为平衡位就可以了。

当三堆石子的组合为非平衡位时，那么先取的人会赢得比赛，因为这个人得到了能够将非平衡位修正为平衡位的机会，而另一个人将没有这种机会。同理，当一开始组合为平衡位时，那么先取的人肯定会输。

取子游戏的再探讨

把 9 枚硬币排成三行,如图 21 所示。双方轮流取走硬币,一次可以取走 1 枚,也可以取走多枚,但是这些硬币必须都取自同一行。例如,一方可以从顶行取走 1 枚硬币,或者从最底下一行取走全部硬币。谁被迫取走最后一枚硬币,谁便是输家。

如果先手的第一招对了,并且继续玩的每一步都不失误,先手方总能赢。如果先手方的第一招错了,而对方玩的每一步都不失误,对方就总能赢。

你能找出这制胜的开局第一招吗?

图 21

答案是这样的:先手方能保证自己获得胜利的唯一方法是,在他第一次取硬币时从最底下一行取走 3 枚硬币。

只要设法给对方造成下面局面中的任何一种,就能保证自己获得胜利:

(1)三行各有 1 枚硬币。

(2)只留下两行,每行各有 2 枚硬币。

(3)只留下两行,每行各有 3 枚硬币。

(4)三行分别有 1 枚、2 枚和 3 枚硬币。

如果你把这 4 种必胜局面记在心中,那么你就能打败一位没有经验的对手:只要是你开局,你每次都能赢;当对方开局而他没能走出正确的第一招时,你也一定能取胜。

这种游戏无论使用多少个硬币,也无论摆成多少行,都可以玩。你能利用二进制数对这种游戏进行分析吗?请试一试。

神奇的数字表

将 1 至 31 这 31 个数按照表 2 所示的规则写成 5 列的数字表,你会发现,这个数字表是有神秘的特性的。

它的神秘在于,如果你设定一个不大于 31 的数,然后将这个数所在的列序号告诉我,我就能轻易猜出你设定的数到底是什么!

举一个例子,假如你设定的数是 27,而这个数在第 1、2、4、5 列都出现过,那么只要你把这些列序号告诉我,我不看表就知道你设定的数是 27。

我们还可以把这个问题变得更神秘些。我们可以把这个表画在一把扇子上,然后就可以利用上面的方法用扇子变魔术了。比如,你先让你的朋友设定一个数,让他把这个数出现的列序号告诉你,你就可以神秘地告诉他正确答案,这是不是很神奇? 知道这是为什么吗?

表 2

5	4	3	2	1
16	8	4	2	1
17	9	5	3	3
18	10	6	6	5
19	11	7	7	7
20	12	12	10	9
21	13	13	11	11
22	14	14	14	13
23	15	15	15	15
24	24	20	18	17
25	25	22	22	21
26	26	22	22	21
27	27	23	23	23
28	28	28	26	25
29	29	29	27	27

（续表）

30	30	30	30	29
31	31	31	31	31
16	8	4	2	1

在整张表中，真正对猜数字有意义的就是最下面一行数字。

例如：设定的数字为22，被告知其在右起第2、3、5列出现，那么找到这三列在最后一排中对应的数字，然后将三个数字相加，得到的结果即为设定的数字（22＝2＋4＋16）。

当设定的数字是18时，可知其在第2、5两列都出现过，那么找到这两列在最后一行中对应的两个数字，分别为2、16，相加得到2＋16＝18，那么18就是最初设定的数字。

对于题目中表格的运用其实很简单，但是这道题的关键是，这张"神奇"的表格究竟是怎么制作出来的？到底应用了什么规律？下面我们将对这些问题进行重点探讨。

已知幂级数 2^x，先列出当 $x＝0、1、2、3、4、5\cdots$ 时的数列，即为1、2、4、8、16、32 $\cdots$ 这个数列有一个特殊的功能，那就是任何一个自然数都可以通过这个数列中的几个数的和来表示。例如，自然数27＝16＋8＋2＋1。将1、2、4、8、16这几个数选择性地组合后，可以将1至31（2^5-1）中的所有整数都表示出来，同时将这5个数字按照题目中表格的最后一行所示顺序填入表格中。然后将1至31这31个整数全部分解为2的幂级数之和的形式，每个数的组合中，出现哪几个2的幂级数，那么就将这个整数填入这几个2的幂级数对应的纵列中，例如，27＝16＋8＋2＋1，那么就将27填入16、8、2、1所对应的四个纵列中。所以，当我们知道了要猜测的数字都出现在哪几列时，我们就只用将这几列最下面的数字相加，所得的和即为猜测的数字。

2的幂级数的性质还可以进行如下应用。观察每一列数字中是否存在某一个数字可以用1或0来表示，即如果某一数字出现在该列则记为1，否则记为0，依次类推。例如，数字27在从左侧起的第1、2、4、5列中均有出现，而在第3列没有出现，那么就记为11011，而数字12用同样的方法则记为01100，左侧的0可以省略，则12相应记为1100。

我们将这种表示数字的方法称为二进制法。

如果你掌握了这种二进制表示数字的方法，你就可以不看表，而只用0和1表示某个数字出现与否的情况，然后，就可以直接根据二进制表示法猜出其对应的数字啦！

下面给大家看几个二进制表示数字的实例,如表 3 所示。

表 3

整数	二进制表示法
$2 = 2^1$	10
$3 = 2^1 + 2^0$	11
$5 = 2^2 + 2^0$	101
$19 = 2^4 + 2^1 + 2^0$	10011
$135 = 2^7 + 2^2 + 2^1 + 2^0$	10000111

二进制法广泛应用于计算机语言中,无论数字是多少,都可以只用 0 和 1 两个数表示。在日常生活中应用十进制法比较多,即用 0、1、2、3、4、5、6、7、8、9 这 10 个数字。

猜姓氏游戏及其数学原理——二进制的应用

在民间流行着一种能够猜出别人"年龄和姓氏"的魔术,这是一套 7 张的卡片,在每张卡片上分别写有 64 个数和 64 个姓氏。如图 22~图 28 所示。

第 1 张卡片							
1 许	3 孙	5 周	7 郑	9 冯	11 蒋	13 赵	15 朱
17 韩	19 吕	21 孔	23 严	25 金	27 姜	29 谢	31 窦
33 费	35 奚	37 彭	39 马	41 方	43 任	45 柳	47 史
49 潘	51 雷	53 倪	55 殷	57 宋	59 于	61 齐	63 顾
65 黄	67 尹	69 邵	71 毛	73 郝	75 熊	77 祝	79 梁
81 季	83 江	85 梅	87 刁	89 崔	91 夏	93 田	95 万
97 莫	99 缪	101 丁	103 洪	105 邱	107 邢	109 翁	111 全
113 谭	115 景	117 叶	119 乔	121 仇	123 尚	125 冷	127 竺

图 22

第2张卡片

2 钱	3 孙	6 吴	7 郑	10 陈	11 蒋	14 杨	15 朱
18 何	19 吕	22 曹	23 严	26 魏	27 姜	30 柏	31 窦
34 葛	35 奚	38 鲁	39 马	42 俞	43 任	46 鲍	47 史
50 薛	51 雷	54 汤	55 殷	58 安	59 于	62 余	63 顾
66 萧	67 尹	70 汪	71 毛	74 茅	75 熊	78 董	79 梁
82 贾	83 江	86 林	87 刁	90 高	91 夏	94 胡	95 万
98 房	99 缪	102 邓	103 洪	106 吉	107 邢	110 储	111 全
114 刘	115 景	118 屠	119 乔	122 牛	123 尚	126 沙	127 竺

图 23

第3张卡片

4 李	5 周	6 吴	7 郑	12 沈	13 赵	14 杨	15 朱
20 张	21 孔	22 曹	23 严	28 戚	29 谢	30 柏	31 窦
36 范	37 彭	38 鲁	39 马	44 袁	45 柳	46 鲍	47 史
52 贺	53 倪	54 汤	55 殷	60 卞	61 齐	62 余	63 顾
68 姚	69 邵	70 汪	71 毛	76 纪	77 祝	78 董	79 梁
84 郭	85 梅	86 林	87 刁	92 蔡	93 田	94 胡	95 万
100 解	101 丁	102 邓	103 洪	108 陆	109 翁	110 储	111 全
116 詹	117 叶	118 屠	119 乔	124 瞿	125 冷	126 沙	127 竺

图 24

第4张卡片

8 王	9 冯	10 陈	11 蒋	12 沈	13 赵	14 杨	15 朱
24 华	25 金	26 魏	27 姜	28 戚	29 谢	30 柏	31 窦
40 花	41 方	42 俞	43 任	44 袁	45 柳	46 鲍	47 史
56 罗	57 宋	58 安	59 于	60 卞	61 齐	62 余	63 顾
72 戴	73 郝	74 茅	75 熊	76 纪	77 祝	78 董	79 梁
88 徐	89 崔	90 高	91 夏	92 蔡	93 田	94 胡	95 万
104 石	105 邱	106 吉	107 邢	108 陆	109 翁	110 储	111 全
120 翟	121 仇	122 牛	123 尚	124 瞿	125 冷	126 沙	127 竺

图 25

第 5 张卡片

16 秦	17 韩	18 何	19 吕	20 张	21 孔	22 曹	23 严
24 华	25 金	26 魏	27 姜	28 戚	29 谢	30 柏	31 窦
48 唐	49 潘	50 薛	51 雷	52 贺	53 倪	54 汤	55 殷
56 罗	57 宋	58 安	59 于	60 卞	61 齐	62 余	63 顾
80 杜	81 季	82 贾	83 江	84 郭	85 梅	86 林	87 刁
88 徐	89 崔	90 高	91 夏	92 蔡	93 田	94 胡	95 万
112 宫	113 谭	114 刘	115 景	116 詹	117 叶	118 屠	119 乔
120 翟	121 仇	122 牛	123 尚	124 瞿	125 冷	126 沙	127 竺

图 26

第 6 张卡片

32 苏	33 费	34 葛	35 奚	36 范	37 彭	38 鲁	39 马
40 花	41 方	42 俞	43 任	44 袁	45 柳	46 鲍	47 史
48 唐	49 潘	50 薛	51 雷	52 贺	53 倪	54 汤	55 殷
56 罗	57 宋	58 安	59 于	60 卞	61 齐	62 余	63 顾
96 卢	97 莫	98 房	99 缪	100 解	101 丁	102 邓	103 洪
104 石	105 邱	106 吉	107 邢	108 陆	109 翁	110 储	111 全
112 宫	113 谭	114 刘	115 景	116 詹	117 叶	118 屠	119 乔
120 翟	121 仇	122 牛	123 尚	124 瞿	125 冷	126 沙	127 竺

图 27

第 7 张卡片

64 孟	65 黄	66 萧	67 尹	68 姚	69 邵	70 汪	71 毛
72 戴	73 郝	74 茅	75 熊	76 纪	77 祝	78 董	79 梁
80 杜	81 季	82 贾	83 江	84 郭	85 梅	86 林	87 刁
88 徐	89 崔	90 高	91 夏	92 蔡	93 田	94 胡	95 万
96 卢	97 莫	98 房	99 缪	100 解	101 丁	102 邓	103 洪
104 石	105 邱	106 吉	107 邢	108 陆	109 翁	110 储	111 全
112 宫	113 谭	114 刘	115 景	116 詹	117 叶	118 屠	119 乔
120 翟	121 仇	122 牛	123 尚	124 瞿	125 冷	126 沙	127 竺

图 28

用 7 张卡片,可以编排 127 个不同的年龄或姓氏(如果用 8 张卡片,就可以编排 255 个)。从《百家姓》中选取 127 个常见的姓氏,分别与 127 个数一一对应就得到下面的"数与姓氏对照表",如表 4 所示。

表 4　数与姓氏对照表

1 许	2 钱	3 孙	4 李	5 周	6 吴	7 郑	8 王
0000001	0000010	0000011	0000100	0000101	0000110	0000111	0001000
9 冯	10 陈	11 蒋	12 沈	13 赵	14 杨	15 朱	16 秦
0001101	0001110	0001111	0010000	0000101	0000010	0000011	0000100
17 韩	18 何	19 吕	20 张	21 孔	22 曹	23 严	24 华
0010001	0010010	0010011	0010100	0010101	0010110	0010111	0011000
25 金	26 魏	27 姜	28 戚	29 谢	30 柏	31 窦	32 苏
0011001	0011010	0011011	0011100	0011101	0011110	0011111	0100000
33 费	34 葛	35 奚	36 范	37 彭	38 鲁	39 马	40 花
0100001	0100010	0100011	0100100	0100101	0100110	0100111	0101000
41 方	42 俞	43 任	44 袁	45 柳	46 鲍	47 史	48 唐
010100	0101010	0101011	0101100	0101101	0101110	0101111	0110000
49 潘	50 薛	51 雷	52 贺	53 倪	54 汤	55 殷	56 罗
0110001	0110010	0110011	0110100	0110101	0110110	0110111	0111000
57 宋	58 安	59 于	60 卜	61 齐	62 余	63 顾	64 孟
0111001	0111010	0111011	0111100	0111101	0111110	0111111	1000000
65 黄	66 萧	67 尹	68 姚	69 邵	70 汪	71 毛	72 戴
1000001	1000010	1000011	1000100	1000101	1000110	1000111	1001000
73 郝	74 茅	75 熊	76 纪	77 祝	78 董	79 梁	80 杜
1001001	1001010	1001011	1001100	1001101	1001110	1001111	1010000
81 季	82 贾	83 江	84 郭	85 梅	86 林	87 刁	88 徐
1010001	1010010	1010011	1010100	1010101	1010110	1010111	1011000
89 崔	90 高	91 夏	92 蔡	93 田	94 胡	95 万	96 卢
1011001	1011010	1011011	1011100	1011101	1011110	1011111	1100000
97 莫	98 房	99 缪	100 解	101 丁	102 邓	103 洪	104 石
1100001	1100010	1100011	1100100	1100101	1100110	1100111	1101000

（续表）

105 邱	106 吉	107 邢	108 陆	109 翁	110 储	111 全	112 宫
1101001	1101010	1101011	1101100	1101101	1101110	1101111	1110000
113 谭	114 刘	115 景	116 詹	117 叶	118 屠	119 乔	120 翟
1110001	1110010	1110011	1110100	1110101	1110110	1110111	1111000
121 仇	122 牛	123 尚	124 瞿	125 冷	126 沙	127 竺	
1111001	1111010	1111011	1111100	1111101	1111110	1111111	0000000

准备好以上 7 张卡片与这张"数与姓氏对照表"，就可以表演这个猜年龄和姓氏的魔术了。

先说猜年龄，这套卡片可以用来猜 127 岁以内的年龄。表演者一张一张地出示这 7 张卡片给某位观众看，只要这位观众一一回答 7 张卡片上"有""无"自己的年龄，表演者就能"猜"出这位观众的年龄。

这种"猜"年龄的方法很简单，表演者只需将观众回答"有"的那几张卡片的左上角的数字加起来，所得的和就是这位观众的年龄。比如，某位观众的回答如表 5 所示。

表 5

1	2	3	4	5	6	7
无	有	有	有	有	无	无

表演者只需将第 2、3、4、5 三张卡片的左上角的数字 2、4、8、16 加起来，得到的 30 就是这位观众的年龄。读者可以验证，30 这个数确实只有卡片 2、3、4、5 上才有。

猜姓氏与猜年龄基本相似，只是表演者将观众回答上面"有"他姓氏的那几张卡片的左上角的数字加起来后，还得找出这个和所对应的姓氏。比如，某位观众的回答如表 6 所示。

表 6

1	2	3	4	5	6	7
无	有	有	无	有	无	无

表演者只需先将第 2、3、5 三张卡片的左上角的数字 2、4、16 加起来，得到 22，再从"数与姓氏对照表"中得到 22 这个数所对应的姓氏是"曹"，那么这个观众就一定姓"曹"了。

这个魔术看起来神乎其神，其实原理并非高深莫测。我们只需有一点二进制数的知识，就能揭示其中的奥秘。让我们来看卡片的编制方法。

第一步：把 1～127 这些正整数都转换为二进制数（转换结果参见"数与姓氏对照表"中每个姓氏下边方框里的那些数）。

第二步：把二进制数中 2^0 位（从右至左的第 1 个数位）上是"1"的所有数填入卡片 1 中，把 2^1 位（从右至左的第 2 个数位）上是"1"的所有数填入卡片 2 中，把 2^2 位（从右至左的第 3 个数位）上是"1"的所有数填入卡片 3 中，依次类推。比如，118 这个数转换为二进制数是 1110110，它在第 2（按从右至左的顺序，下同）、第 3、第 5、第 6、第 7 个数位上的数都是"1"，我们就把它填入卡片 2、3、5、6、7 中；它在第 1、第 4 个数位上的数都是"0"，在卡片 1、4 中就不填。

这样，7 张卡片分别对应着二进制数中的 7 个数位。于是，当某位观众回答表演者哪几张卡片上有无他的年龄时，实际上就等于告诉表演者他的年龄的二进制数哪几位是"1"、哪几位是"0"。那么，表演者要做的事情就是把这个二进制数转换为十进制数。比如，某位观众的回答如表 7 所示。

表 7

1	2	3	4	5	6	7
有	有	有	无	有	有	无

那么，实际上他就已经把自己年龄的二进制数 0110111 告诉表演者了。把二进制数 0110111 转换为十进制数：

$$0110111 = 0 \times 2^6 + 1 \times 2^5 + 1 \times 2^4 + 0 \times 2^3 + 1 \times 2^2 + 1 \times 2^1 + 1 \times 2^0$$
$$= 0 + 32 + 16 + 0 + 4 + 2 + 1 = 55$$

在实际转换时，因为二进制数的各数位值 2^{n-1} 所对应的十进制数已经写在代表这个数位的卡片的左上角了，因此表演者只需把观众回答"有"的那几张卡片的左上角的数字加起来就行了，即 $1+2+4+16+32 = 55$。

至于卡片中姓氏的编排，只是根据事先随意编好的"数与姓氏对照表"，把每个姓氏写在与它对应的数的位置上而已。

最后，顺便指出，表演过程中的"转换"工作，是在对方回答"有"或"无"的同时进行的。我们只需记住第 1 张有代表"+1"，第 2 张有代表"+2"，第 3 张有代表"+4"，第 4 张有代表"+8"，第 5 张有代表"+16"，第 6 张有代表"+32"，第 7 张有代表"+64"，转换非常简单。另外，如果你打算自己制作另一套纯姓氏卡片的话，那么最好把那些填在卡片上的姓氏的次序打乱，使观众不容易发现填写卡片的"规律"，这样就更能迷惑人。

<h1 style="text-align:center">迷宫之谜</h1>

迷宫是一种古今一直流行的智力游戏,它可以测验人们的空间定向能力和视觉能力。

在古代,人们常常构筑迷宫以迷惑入侵者,从而拖延时间,使其陷入困境、暴露目标,最终堵截歼灭入侵者,以保卫要塞。今天,迷宫只是一种供人消遣的游戏。

一、最早的著名迷宫

最早的著名迷宫是古希腊人建造在克里特岛的一座结构复杂的大宫殿。传说这座宫殿里道路曲折,谁进来都别想出去,所以叫"迷宫"。

传说有一位聪明的王子,将线球的一端系在迷宫入口,然后放开线团,闯入迷宫,最后终于杀死了怪物,救出了童男童女,带着他们顺着线绳走出了迷宫。谁也没有见过克里特迷宫,只能从当地出土的古钱币上发现的图形中,猜测克里特迷宫的样子。

二、我国古代的迷宫

我国古代也有迷宫,有的还应用在军事作战上,被称为"阵图"。三国时期,诸葛亮曾摆设"八卦阵",将东吴的陆逊困在江边,阵内怪石嵯峨、重叠如山、无路可寻,"八卦阵"估计就是用巨石垒成的大迷宫。《水浒传》中"三打祝家庄"里所描述的"盘陀路"也是一种迷宫。

现实生活中,苏州著名的园林"狮子林"便是一种典型的中国庭院式迷宫,不少公园等游乐场所中,也用竹子、柏树构筑各式迷宫供人娱乐。

三、英国汉普顿迷宫

于 1690 年在英国伦敦附近建造的汉普顿宫的庭院里,也有一座著名的迷宫,这是一个供人娱乐的迷宫。如图 29 所示,黑线表示篱笆,白的空隙表示通道,迷宫的中央 Q 处有两根高柱,柱下备有椅子可供人休息,A 处是迷宫的入口。

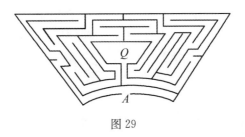

图 29

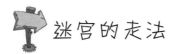迷宫的走法

迷宫的种类很多,繁简不一,走迷宫的方法也是多种多样的。不管什么样的迷宫,只要画出它的平面图形,总是不难找到进出的道路。可是遇到真实的迷宫,有许多墙壁、篱笆挡住视线,便会使人晕头转向、四处碰壁。这里列举几种方法,作为走迷宫的一点启发。究竟如何走,还要因"宫"制宜。

一、用数学解迷宫

能不能借助数学的方法,让迷宫走得更顺利一些呢? 这里用"网络图"来解决。

先给迷宫的各"分叉路口"和"死角"编上号码,如图 30 所示。我们发现,除起点、终点外,数 2、4、6、8、9、11、13 处是"分叉路口",数 1、3、5、7、10、12、14 处是"死角"。然后,根据迷宫的结构将相通的点连线,如图 31 所示。这样我们便可以清楚地看到 A 到 Q 之间存在着一条没有岔路的通道,这就是进入迷宫的最直接的通路,如图 32 所示。

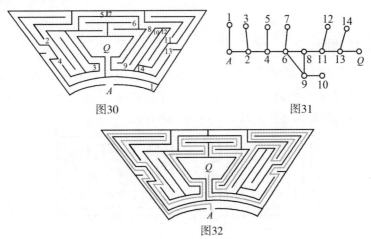

图30

图31

图32

我们把这种方法叫"图论",这是一种用数学方法研究图形的一门新兴学科。在"图论"里,图只包含顶点和边,而其他的几何要素,如形状、大小、面积等都不予考虑。"图论"里的图是一种抽象的图,用来解决这些具体问题相当方便。

二、碰壁拐弯

有一个简单的迷宫,我们可以沿着迷宫的板壁一侧向前走,走的过程中碰壁拐弯,虽然走了很长的路,最后总能到达终点。如图33(a)所示。

如果我们换另一侧走走看,仍然碰壁拐弯,显然走的路要短得多了。如图33(b)所示。

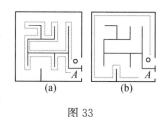

图 33

三、堵住死路

将迷宫中的一条条死路用铅笔堵住。先堵最明显的死路,再堵延伸出来的死路,注意只能堵到交叉路口。这样,一个迷宫只剩下一些比较好走的路,我们便容易选择理想的道路。如图34所示。

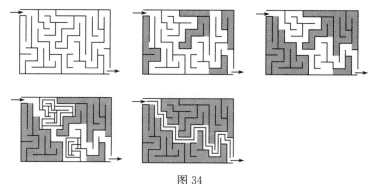

图 34

四、截线找路

先找一些能差不多"贯穿"迷宫上下的截线,把它们用铅笔描粗,找出粗线中间的断口,即"有希望的路口"。多找几条这样的截线,就多几个"有希望的路口",这样,就容易找到走出迷宫的路了。如图35所示。

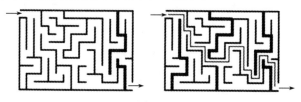

图 35

五、通用走法

按照下面的通用走法,都能走得通迷宫。迷宫如图36所示。

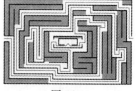

图36

(1)走到死路,立即退回。

(2)第一次遇到分叉路口,可继续向一条新路前进。

(3)第二次遇到老分叉路口,如果来路只走过一次,那么从原路退回;如果来路走过两次,那么向另一新路前进;如果来路走过两次,又无新路可走,那么向走过一次的去路前进。

在分叉路口和死路做些记号,区别哪些是首次遇到的,哪些是重复遇到的,我们便能顺利地找到到达终点的线路。

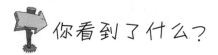

你看到了什么?

我们通常都可以从二维的图画中看出所要表现的三维物体,识图与绘图的训练,可以培养我们的空间观念。然而,就像这里所示的一些图画,二维的图画也可以在视觉上创出"不可能的事物"。

一、你的眼睛可靠吗?

(1)图37中线段 AB 和 CD 哪个长?

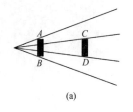

(a)

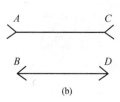

(b)

图37

(2)如图38,从头到尾所有的竖线都是同样的长度吗?

图38

(3)如图 39,图中有平行线吗?

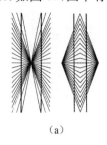

（a）

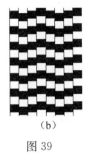

（b）

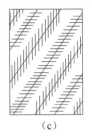

（c）

图 39

(4)如图 40,两个图中间的圆哪个大?

图 40

二、有趣的"曲线错觉"

(1)如图 41,图中有正方形吗?

图 41

(2)如图 42,图中有几个圆?

图 42

(3)如图 43,图中两只眼睛正常吗?

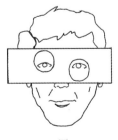

图 43

（4）如图 44，图中是螺旋线还是同心圆？盖住一半的图像，再看看。

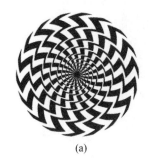
(a)

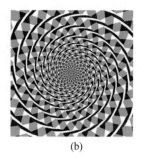
(b)

图 44

三、动感地带

（1）如图 45，图中的心脏在"搏动"吗？

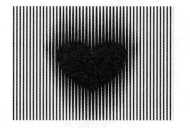

图 45

（2）如图 46，圆圈在转吗？

图 46

（3）如图 47，仔细看一会儿，谁在动？

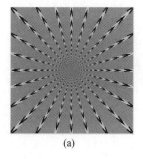
(a)

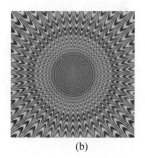
(b)

图 47

(4)如图48,集中注意力盯着中心的点,前后移动头部,那么内部环会自转。

图 48

四、有趣的"网格错觉"

(1)如图49,图中有多少个黑点?

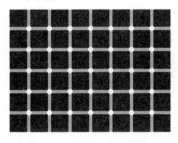

图 49

(2)如图50,死死盯着心形中心的黑点不要动,至少三十秒以上。然后迅速朝一张无字的白纸或灰纸看,你将看到一颗美丽的红心。

图 50

五、有趣的"前景、背景错觉"

这类错觉最典型的是以两个或多个并排的杯形物的形式出现,而杯形物在背景中的轮廓则构成一个人的侧面像。

(1)如图51,你看到的是一个花瓶还是两个人头的侧面像?

(2)如图52,你能发现藏在栏杆之间的人吗?

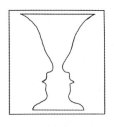

图 51

图 52

六、真实三维空间并不存在的二维图形

(1)图 53 所示是一个不存在的三角形。

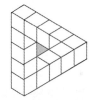

图 53

(2)如图 54,尝试着做一个方框。

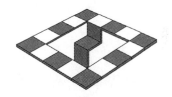

图 54

(3)图 55 所示是一个奇怪的门。

图 55

(4)图 56 中的大象有几条腿?

图 56

(5)图 57 所示是一个不存在的球架。

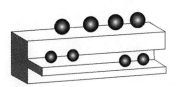

图 57

(6)图 58 中有几块木块?

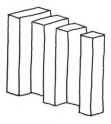

图 58

(7)如图 59,你能数出几个分岔?

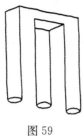

图 59

(8)如图 60,钢棒怎样穿过两个成直角的螺母孔?

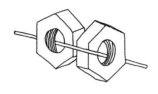

图 60

(9)图 61 中的人是正脸还是侧脸?

图 61

(10)图 62 所示为天地相连的建筑。

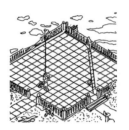

图 62

"音乐能激发或抚慰情怀,绘画使人赏心悦目,诗歌能动人心弦,哲学使人获得智慧,科学可改善物质生活,但数学能给予以上的一切!"——克莱因

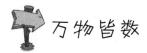 万物皆数

1. 苹果与篮子

肖爷爷要给孩子们分苹果啦,奶奶拿了一个篮子,里面装有 5 个苹果,要把这 5 个苹果分给 5 个孩子,每个孩子只能分得 1 个,可是分到最后,为什么篮子里还是剩下 1 个苹果呢?

2. 神奇的 666

你知道吗? 神奇的数字 666 可以在不使用任何加减乘除运算的情况下,变成其本身的 1.5 倍。开动你的脑筋想想吧!

3. 如何相等?

在数学的世界里有很多相等的情况,那么分子比分母小的分数与分子比分母大的分数可以相等吗?

4. 需要几种砝码?

已知某物质的粉末共有 100 克,为了能用天平分别称出从 1 克到 100 克的各种不同的质量,至少要配备多少种不同的砝码? 实验要求物质放在天平的左盘里,砝码放在天平的右盘里。请你设计一下。

5. 巧用砝码

有一架等臂天平,两边都可以放砝码或货物。要用这架天平称出从 1 克开始的连续整克数的物品,怎样来设计它的砝码,才能使砝码个数尽可能少,称的物品克数又尽可能多呢? 小明想:先得有 1 克的砝码,接着可省去 2 克的砝码。理由:

物品＋1 克＝3（克），所以，物品＝3 克－1 克＝2（克），从而称出 2 克来，所以第二个砝码应是 3 克，现在可称的物品的最大质量是 1＋3＝4（克）；省去 5 克、6 克、7克、8 克的砝码，所以第三个砝码应该是 9 克。

请思考下面 2 个问题：（1）用 1 克、3 克、9 克砝码能称出 7 克、11 克的物品吗？（2）请你设计一个方案，只用四个砝码就能用天平称量 1 克到 40 克的全部整数克的物品的质量。

6. 称小球

有 9 个外观完全相同的小球，其中只有一个质量轻一点。现在要求你用一架天平去称，至少称几次才能找出那个轻一点的球？

7. 称桃子

有十筐桃子，每筐里有 10 个，共 100 个，同一筐里的每个桃子的质量都一样，其中有九筐每个桃子的质量都是 1 斤，另一筐中每个桃子的质量都是 0.9 斤，但是看起来大小完全一样。现在请你用一台秤（最多可称 100 斤）一次把这筐质量轻的桃子找出来，你有什么办法？

8. 蜗牛爬树

有只蜗牛保持速度不变的状态爬树，这只蜗牛有个计划，那就是从星期日早晨 6 点开始爬，一直爬到当天晚上 6 点，中间不停歇，可以向上爬 5 米。但是到了晚上蜗牛睡着后，会无意识地下滑 2 米。那么这只蜗牛要想爬到 9 米高的位置，需要爬到星期几的几点呢？

9. 怎样计算？

家长委员会要为某年级同学代购 179 支钢笔和 179 只笔套。钢笔 8 元 1 支，笔套 3 元 1 只。去采购的人员按营业员所开的发票付了款，共计 1869 元。在回校途中，他发现营业员算错了，就返回店里。果然是营业员少算了 100 元钱，应该是 1969 元。营业员说："让您多跑了路，费神一笔笔去算，麻烦你了。"采购人员说："不要紧，我只走到半路，再说，我并没有进行具体核算，就知道它肯定错了。"采购人员是怎么计算的呢？

10. 李白打酒

李白街上走，提壶去打酒；遇店加一倍，见花喝一斗；三遇店和花，喝光壶中酒。试问：酒壶中原有多少酒？

这是一道民间计算题。题意是:李白在街上走,提着酒壶边喝酒边打酒,每次遇到酒店将壶中酒加一倍,每次遇到花就喝去一斗(斗是古代容量单位,1 斗＝10升),这样遇到酒店和花各 3 次,刚好把酒喝完。壶中原来有多少酒?

11. 几盏灯

远望巍巍塔七层,红光点点倍加增;共灯三百八十一,请问各层几盏灯?

这是明代数学家程大位编写的一道名题。题目的意思是:有一座雄伟的宝塔,共有七层。每层都挂着红红的灯笼,从上到下的第二层开始,每层盏数都是上一层盏数的 2 倍,并知道总共有灯 381 盏。请问:这个宝塔每层各有多少盏灯?

12. 鸽子与自行车

甲、乙两个住在不同镇上的好朋友约好要一起出来玩。这天,两个人都骑自行车分别从 A、B 两镇相向而行,两镇相距 30 千米,甲骑车的平均速度为 4 千米/时,乙骑车的平均速度为 6 千米/时,且在中途均不停车。与此同时,一只鸽子以 8 千米/时的飞行速度也从 A 镇出发,中途也不停歇,于是很快就超过了同向而行的甲的自行车,然后这只鸽子就向着相向而来的乙的自行车飞去,在碰到乙的自行车后又立刻返回飞向甲的自行车,与甲的自行车相遇后,又立刻返回飞向乙的自行车。

就这样鸽子在甲、乙两个好朋友间来回飞行,直到两个好朋友相遇,这只鸽子才停止飞行,并且最终落在一个人的肩膀上。那么通过计算,你知道这只鸽子总共飞了多少千米吗?

13. 猎人与狗

在同一个地方的两个猎人沿同一条路向同一方向的猎场走去,第一个猎人步行速度是 4 千米/时,第二个猎人步行速度是 6 千米/时,且前者比后者先行了 2小时。这时,第一个猎人带着的狗从主人身边跑向第二个猎人,狗每小时跑 15 千米,与第二个人相遇后,这只狗又立即跑回主人身边,之后又跑向第二个猎人……

这只狗就这样在两个猎人之间往返跑,直到第二个猎人追上第一个猎人为止。请你计算,这只狗一共跑了多少路程?

14. 计算平方的简易方法

个位数是 5 的两位整数的平方其实很好计算,想知道方法吗? 只要用十位数上的数字与比其大一的数相乘,然后在所得结果的右侧加上 25 就可以得到正确的答案了。

例如:计算 35^2,首先计算 $3×4=12$,然后在结果 12 的右侧加上 25,即为:35^2 $=1225$。同理可有:$85^2=7225$。

你知道其中的奥秘吗?

15. 神奇的数

有一个神奇的数,被 2 除余 1,被 3 除余 2,被 4 除余 3,被 5 除余 4,被 6 除余 5,当被 7 除时恰好除尽。你知道这个神奇的数最小是多少吗?

16. 收苹果

肖爷爷将刚摘下的 100 个苹果分别放在 6 个篮子里,每个篮子里所装的苹果数都含有数字 6,这 6 个篮子里分别装了多少个苹果?

17. 篮子里的梨

肖爷爷在果园里摘了 53 个又大又甜的梨,将它们根据下面的要求分别放到了 A、B、C、D 四个篮子里,其中 B 篮里的梨是最少的。如果将 B 篮里的梨(不止一个)全部拿出来放到 A 篮里,那么 A 篮里的梨是 C 篮的两倍。如果将 B 篮里的梨不放到 A 篮里而是放到 C 篮里,那么 C 篮里的梨是 D 篮的两倍。

请问,最初每个篮子里分别放了几个梨呢?

18. 篮子里的苹果

将一堆苹果分别放到四个篮子里,然后将这四个篮子分别放在一个方形桌子的四个角上。

从左上角的篮子开始,按照顺时针的顺序,从第一个篮子里拿出一定数量的苹果,放到第二个篮子里,使得第二个篮子里的苹果成为原来的两倍。然后,从第二个篮子里拿出一些苹果,放到第三个篮子里,使得第三个篮子里的苹果是原来的两倍。接下来,从第三个篮子里拿出一些苹果,放到第四个篮子里,使得第四个篮子里的苹果是原来的两倍。最后,从第四个篮子里拿出一些苹果,放到第一个篮子里,使得第一个篮子里的苹果是原来的两倍。这时,四个篮子里的苹果数量是一样的(不超过 30 个)。

问:一开始每个篮子里分别有几个苹果?

19. 时钟问题

(1)一只钟表,到了整点就会敲钟报时,几点钟就敲几下,半点钟敲一下。那么,这只钟表一昼夜一共敲了多少下呢?

（2）一昼夜时间里，这只钟表的时针与分针重合多少次？

20. 巧算奇数之和

观察下面的式子：

$1=1^2$

$1+3=4=2^2$

$1+3+5=9=3^2$

$1+3+5+7=16=4^2$

从上面的式子中，我们可以得到这样一个结论：从 1 开始的连续奇数之和等于参与计算的数字个数的平方。请问：以上结论是否成立？你能证明吗？

21. 肖爷爷的乘法

同学们都喜欢听肖爷爷给他们讲故事，这些故事都很有趣，既可以增长知识，又可以培养思维能力。有一天，同学们围坐在肖爷爷身旁，肖爷爷用树枝在地上写了一串数：1,2,3,4,5,6,7,9。他要小明从中任意报一个数给他，小明随口报了一个"3"。

肖爷爷就列了这样一个算式：12345679×27，并要小明把这个乘积算出来。虽然小明还不明白这是什么意思，但还是认真地算了起来。咦！真奇怪！算出来的数竟全部是"3"——正好是他刚才报的数。

小丽觉得挺有意思，于是她也给肖爷爷报了一个数"5"，肖爷爷又列了一个算式：12345679×45。计算结果竟然也是由她所报的数"5"组成的。

这下子可热闹了。另外几个同学也接连报了几个数，由肖爷爷列出算式，计算结果也都是一连串同样的数。你知道肖爷爷列算式的奥秘在哪里吗？你能说出其中的道理吗？

22. 有多少人？

一个旗手前头走，全体队员雄赳赳。

六人一排真整齐，八人一排没零头。

十人一排多两个，只好去当护旗手。

问你至少多少人，请你一个不要漏。

23. 猜年龄

请一位小朋友不要把年龄告诉你，由你来猜。但是你要他把年龄乘以 3，再加上 3，再除以 3，然后把答数告诉你。这时，你再把答数加上 2，就是他的年龄了。

例如,那位小朋友的年龄是12(当然,他并没有告诉你),他只告诉你:(他自己的年龄×3+3)÷3-3=10。那么,你就可以猜中他的年龄是10+2=12(岁)了。

请问,这是什么道理呢?

24. 迷路的人

九个人在山中迷了路,他们所有的粮食只够吃五天。第二天,这九人又遇到另一队迷路的人,大家便合在一起。再算一下粮食,两队合吃,只够吃三天了。

请问第二队迷路的人有多少?

25. 截获图纸

某公安机关获悉,有一个特务盗窃了一份绝密资料,正乘火车潜逃到边防某地,企图偷越国境。公安机关立即派人赶赴边防,截获绝密资料。这项任务交给了某侦察小分队。这个小分队驻地离边防400千米,为了争取时间,必须乘摩托车火速出发。但他们只有5辆摩托车,每辆车只能装带6个小油箱,而每个小油箱的油也只能供行驶40千米。怎么办呢?侦察员们开动脑筋,很快就想出了一个好办法。他们派出了5个优秀的侦察员,驾驶着5辆摩托车飞驶边防,胜利地完成了任务,保护了国家机密。

你知道他们是怎样顺利到达边防的吗?

26. 花剌子模的遗嘱

在我们生活中经常会碰到一些让人伤脑筋的数学题,阿拉伯的一位数学家在去世前就给他的家人留下了一个有趣的数学问题。

花剌子模将要去世时,他的妻子正怀着他们的孩子。花剌子模的遗嘱是这样的:"如果我亲爱的妻子帮我生个儿子,我的儿子将继承三分之二的遗产,我的妻子将得三分之一;如果是生女儿,我的妻子将继承三分之二的遗产,我的女儿将得三分之一。"

不久,这位数学家就去世了。之后,发生的事更让大家困扰,他的妻子生了一对龙凤胎。如何遵照花剌子模的遗嘱,把遗产分给他的妻子、儿子、女儿呢?大家一起来帮他们想想办法吧。

27. 分家产

与花剌子模的问题类似,从前,有个很有钱的人家,正当全家为新的小生命即将降临而欢喜之际,丈夫突然得了不治之症。临终前留下遗嘱:"如果生的是男孩,妻子和儿子各分家产的一半。如果是女孩,女孩分得家产的三分之一,其余归妻子。"丈夫死后不久,妻子就临产了。出乎意料的是,妻子生下一男一女龙凤胎!这下妻子为难了,这笔财产该怎样分呢?

28. 能数完吗?

数学课上,老师讲到 1 平方米等于 100 万平方毫米,小莉听了之后非常惊奇,她不敢相信有那么多,便决定自己亲自验证一下。她找来一张长宽均为 1 米的纸,在每个面积为 1 平方毫米的正方形上点点计数。假如她一秒钟能数一个,她能在一天内数完吗?

29. 两只钟表

肖爷爷家的客厅里有一只挂钟和一只闹钟,因年代久远,挂钟一小时慢 2 分钟,闹钟一小时快 1 分钟,但肖爷爷一直舍不得扔掉它们。昨天他才校准了两只钟,但今天就因为发条走完而同时停止了,挂钟指着 7 点,闹钟指着 8 点。你知道肖爷爷是昨天什么时候校准的挂钟和闹钟吗?

30. 谁完成得快?

小明与小亮共用 7 天时间完成一项工作,小亮比小明晚 2 天开始工作。如果这项工作交给他们两个人分别去做的话,那小明要比小亮多花 4 天时间。请你算一算,他俩要单独完成这项工作,各需要几天时间?

31. 准时的爆炸案

7 月 28 日上午,A 市警察局接到了一个恐怖分子打来的匿名电话:"明天上午在奥林匹克世纪公园将发生爆炸案,时间为 0 点之后到中午 12 点之前、电子表的各位数字为同一数字时。"警察立即出动,在第二天 1 点 11 分 11 秒、2 点 22 分 22 秒、3 点 33 分 33 秒、4 点 44 分 44 秒、5 点 55 分 55 秒时,分别发现了炸弹,并排除了险情。因为 6 点之后不再有 6 点 66 分 66 秒,所以警方便放松了戒备,但是那天爆炸还是发生了。这是怎么回事呢?

32. 足球色块

如图 1 所示,一个足球是由 32 块黑白相间的牛皮缝制成的,黑皮可看作是正五边形,白皮可看作是正六边形。求黑皮、白皮各多少块?

图 1

33. 两道折痕

小丽想把一张细长的纸折成两半,但是两次都失了准头,第一次有一半比另一半长了1厘米。第二次则恰好相反,这一半又短了1厘米。那么此时留在纸上的两条折痕之间的距离有几厘米?

34. 提前放学

小明每天6点放学,爸爸每天从家开车来接他。一天,小明提前1小时放学,在路上遇见接他的爸爸,结果比平时早20分钟到家。问小明走了多少分钟后,爸爸才接到他?

35. 最大的数字

爸爸问正在做数学题的小明:"你用1、2、3这三个数字各1次,所能组成的最大数字是什么?"小明不假思索地回答:"321。"爸爸却微笑着摇了摇头,小明不知道为什么。你能告诉他吗?

36. 最少要得几票?

一个学期过去了,又到了班里评选优秀班干部的日子。每班只能选3名,每人只能投1个人,得票最多的前3名当选。全班49人,共有7名候选人,那么最少要得几票才一定能当选?

37. 何时再相见?

有七位太太,她们互相是好朋友,都信仰宗教,每周都要到教堂去,但是她们信仰的程度不一样,去教堂的次数也不同。第一位每天必去,第二位隔一天去一次,第三位每隔两天去一次,第四位每隔三天去一次,第五位每隔四天去一次,第六位每隔五天去一次,第七位每隔六天去一次。请问这七位太太要多长时间才会在教堂里一齐碰面?

38. 放羊的牧童

一天,两个牧童阿宝和阿壮去同一片草地上放羊,在歇息的时候,阿宝对阿壮说:"阿壮,你给我一只羊吧,这样我的羊的总数就是你的羊数目的两倍!"阿壮马上反驳道:"我认为还是你给我一只比较好,这样我们两个的羊就一样多了呢!"

你知道阿宝和阿壮各有几只羊吗?

39. 能放进去拳头吗?

假如用一根比地球赤道长 1 米的铁丝将地球赤道围起来,那么铁丝与地球赤道之间的间隙能放进一个拳头吗(把地球看成球形),为什么?

40. 猜数字

首先,让你的朋友在纸上随意写出一个两位数,然后将这两位数的个位与十位调换,变成一个新的两位数,同时将这两个两位数的差值算出来,并告诉你计算出来的差值的个位数字是多少。此时,你就可以根据这个差值的个位数字猜出实际的差值是多少了。

试着猜一下,你能说出这是什么原因吗?

41. 分配清理费

有一堆垃圾,规定要由张、王、李三家清理。张家因外出没能参加,留下 9 元钱作为代劳费。王家上午干了 5 小时,李家下午接着干了 4 小时,刚好干完。问王家和李家应怎样分配这 9 元钱?

42. 如何问路

有一个怪城,城里一边住着好人,一边住着坏人,城门左右各有一个人站岗,其中一个是好人,一个是骗子,好人总说实话,骗子总说假话。有个人到了这个城门后,忘记了哪边是好人,如果问错了人,就会走到骗子住的地方,吃亏上当。这可怎么办呢?

43. 分羊

从前有个农民,养了很多只羊。去世前留下遗嘱:"羊的总数的一半加半只给儿子,剩下羊的一半加半只给妻子,再剩下的一半加半只给女儿,再剩下的一半加半只宰杀犒劳帮忙的邻居。"农民去世后,他们按遗嘱分完后,恰好一只不剩。他们各分了多少只羊?

44. 剩下谁

1~50 号运动员按顺序排成一排。教练下令:"单数运动员出列!"剩下的运动员重新排队编号。教练又下令:"单数运动员出列!"如此下去,最后只剩下一个人,他是几号运动员? 如果教练下的令是"双数运动员出列",最后剩下的又是谁?

45. 谁能先说到 100

这是个有趣的游戏,游戏规则如下。两个人轮流说数字,但是数字必须是小于等于 10 的,然后把这些数字逐一累加,谁先说出能够使最后的和为 100 的数字,那么那个人就赢得了这个游戏。这个游戏可以两个人玩,也可以多个人玩。例如:第一个人先说出 7,接着第二个人说 10,那么这两个数之和就为 17,接着第一个人继续说出 8,这时和为 25,就这样轮流说下去,直到一个人说出一个数字后,使和为 100,那么这个人就赢了,游戏结束。如果你还想继续玩下去,也可以将 100 换成其他更大的数字。

你知道获胜的技巧吗?

46. 是真爱吗?

数学家陈景润研究哥德巴赫猜想出名后,引来了不少倾慕者。其中有两名女子一直对他情有独钟,严重影响了陈景润的工作,陈景润便对她们说:"你们各用数字或公式来表示你们对我爱的程度,我从中选择一个真诚的。"于是甲说:"与乙相比我爱得更甚百倍。"乙说:"我的爱是甲的 1 千倍。"哪知陈景润听了之后说:"你们俩谁也不是真爱我。"说着演算给两位女士看。

经过计算,原来甲、乙真的不爱他,这是为什么呢?

47. 锯木头

在一根长木料上,有三种刻度线,第一种刻度线将木料分成 10 等份,第二种刻度线把木料分成 12 等份,第三种刻度线把木料分成 15 等份,如果沿每条刻度线把木料锯断,木料总共被锯成多少段?

48. 迎春数

如果数字 $1, 2, 3, \cdots, n$ 可以在重新排列后,使得每个数加上它的序号的和都是平方数,那么 n 就称为"迎春数"。例如,自然数 1、2、3、4、5 可以重新排列为 3、2、1、5、4,这时每个数加上它的序号的和都是平方数,那么 5 就是一个"迎春数"。问:在 6、7、8、9、10、11 中,哪几个是"迎春数"?

49. 自然数求和

求所有自然数 1 加到 n 的和。

50. 是平均分配吗?

一个富商在临死之前,把他的五个儿子叫到跟前。

他对第一个儿子说:"你看,我的孩子,没有想到,在我有生之年,积攒了这些银币。我给你这些银币的五分之一再加上五分之一个银币,但是我要求你不要对你的弟弟们说你得到了多少。"

他对第二个儿子说:"你看,我的孩子,没有想到,在我有生之年,积攒了这些银币。我已经给了你哥哥属于他的那一份。我给你的是剩下银币的四分之一再加上四分之一个银币。在你走之前,我要嘱咐你不要跟你的兄弟们说你得到了多少。"

他对第三个儿子说:"你看,我的孩子,没有想到,我积攒了这些银币。我已经给了你的两个哥哥属于他们的那一份。我给你剩下银币的三分之一再加上三分之一个银币,但是千万不要告诉你的兄弟们你得到了多少。"

轮到第四个儿子了,他说了同样的话,给第四个儿子剩下银币的一半和二分之一个银币,最后来的是小儿子,他拿走了剩下的银币。

五个儿子中的任何一个都不知道其他人得到了多少银币。我能告诉你的就是,其中一个儿子得到了 8 个银币,比他的兄弟们多一个。

你能告诉我这个故事中的父亲一共积攒了多少银币吗? 他的儿子们又各得到了多少呢?

51. 肖爷爷卖瓜

肖爷爷家里种植了一大片西瓜,到了西瓜成熟的季节,肖爷爷将西瓜园里的西瓜摘下来运到市场上去卖。这天,肖爷爷又运了一车西瓜来到了农贸市场,来的第一位客人买走了肖爷爷带来的全部西瓜的一半外加半个西瓜;第二个客人买走了剩余全部西瓜的一半又加上半个西瓜;过了会儿,第三个客人买走了此时剩下西瓜的一半再加上半个西瓜。今天来的客人都很爽快,也都有些奇怪,这些客人都是买当时所有西瓜的一半再加上半个西瓜,当最后一位客人买了当时所有西瓜的一半再加上半个西瓜时,肖爷爷的西瓜正好卖完了。而今天买西瓜的 6 位客人所买的西瓜都没有切成半,那么,你知道肖爷爷今天一共卖了多少个西瓜吗?

52. 肖爷爷家的门牌号

肖爷爷家住的那条街两边各有 80 户人家,一边的门牌号是奇数,另一边是偶数。所有相邻的门牌号之间差两个数,街东边从 1 开始,街西边从 2 开始,肖爷爷的两个邻居和肖爷爷都决定重新装饰一下墙面,将原来门上挂着的旧的门牌用新的门牌代替。

在小区的五金店里,大家找到了黄铜质地的门牌,非常精美光滑。每个门牌的价格和它所代表的数字是一致的,比如一个"5"的门牌就卖5元,一个"8"的门牌卖8元,而"0"要卖10元。

当大家付钱时,住在肖爷爷左边的邻居虽然门牌号比肖爷爷家的小,却比肖爷爷多付了1元。住在肖爷爷右边的邻居却恰恰相反,他们家的门牌号比肖爷爷家的大,却比肖爷爷少付了7元。

请问肖爷爷家的门牌号是多少呢?

53. 撕纸条

小明在一张纸条上依次写下2、3、4、5、6、7这6个数字,形成一个六位数。小丽把这张纸条撕成了三节。这三节纸条上的数加起来得到的和能被55整除。如图2,三节纸条上的和为23+456+7=486。请问:小丽应该在什么位置撕断这张纸条?

图2

54. 改变排列方式

假设你的手里共有8个棋子,黑、白棋子各有4个,现在将这8个棋子按如图3所示的顺序排列,然后,经过移动后使最终的排列满足下列要求:将白棋都移动到标有1、2、3、4的格子中,同时将黑棋移动到标有6、7、8、9的格子中。在移动过程中要满足如下要求:(1)移动过程中,每个棋子每次只能跳一格,或者向旁边移动一格;(2)每个移动后的棋子不能回到之前的任何一个格子中;(3)一个格子里放置的棋子数不得大于2个;(4)从白棋开始移动。

下面,开动脑筋想想移动的方法吧!

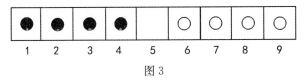

图3

55. 你会分吗?

脚码大小一样的两个盲人相约一块儿买袜子。两人各买了一双白的,一双黑的。四双袜子质地、商标都相同。在分手时,两人把袜子弄混了,只是商标完好,每双袜子还连在一起。怎么才能使每人各拿一双白袜子、一双黑袜子呢？两人想了好长时间,终于想出了办法,你知道他们是怎么分的吗?

56. 巧渡乌江

我红军先头部队 37 人要渡过乌江,但只有 1 条能载 5 人的小船,请问最少要几次才能全部渡过乌江?

57. 如何标刻度线?

有一把长为 9 厘米的直尺,你能否在上面只标出 3 条刻度线,使得用这把直尺可以量出从 1 至 9 厘米中任意整数厘米的长度?

58. 如何染色?

一个立方体的 12 条棱分别被染成白色和红色,每个面上至少要有一条棱是白色的,那么最少有多少条棱是白色的?

59. 需要几个"皇后"?

国际象棋的"皇后"可以沿横线、竖线、斜线走,为了控制一个 4×4 的棋盘,至少要放几个"皇后"?

60. 打电话

在 100 个人之间,消息的传递是通过电话进行的,当甲与乙两个人通话时,甲把他当时所知道的信息全部告诉乙,乙也把自己所知道的全部信息告诉甲。问最少打多少次电话,就可以使得每个人都知道其他所有人的信息。

61. 如何涂色?

有一张 8×8 的方格纸,每个方格都涂上黄、绿两色之一。能否适当涂色,使得每个 3×4 小长方形(不论横竖)的 12 个方格中都恰有 4 个黄格和 8 个绿格?

62. 如何翻硬币?

桌上放有 2021 枚硬币,第一次翻动 2021 枚,第二次翻动其中的 2020 枚,第三次翻动其中的 2019 枚,依此类推,第 2021 次翻动其中的一枚。能否恰当地选择每次翻动的硬币,使得最后所有的硬币原先朝下的一面都朝上?

63. 有平局吗?

在象棋比赛中,胜者得 1 分,败者扣 1 分,若为平局,则双方各得 0 分。今有若干名学生进行比赛,每两个人之间都赛一局。现知,其中一个学生共得 7 分,另一个学生共得 20 分。问:在比赛过程中有过平局吗?

64. 能否变为相同的数

如图 4,在方格表中已经填入了 9 个整数。如果将表中同一行、同一列的 3 个数加上相同的整数称为一次操作。问:你能否通过若干次操作使得表中 9 个数都变为相同的数?

2	3	5
13	11	7
17	19	23

图 4

65. 猜数

6 人围坐成一圈,每人心中想一个数,并把这个数告诉左、右相邻的人,然后每个人把左、右两个相邻的人告诉自己的数的平均数亮出来。如图 5,问:亮出平均数是 3 的人原来心中想的数是多少?

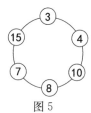

图 5

66. 巧接项链

如图 6,一条金项链断成了 8 段,每一段都由 7 只小环连接而成。如果要将它们全部连起来,一只小环每开合一次要 10 元钱,连接 8 处要 80 元钱。怎样才能更省钱呢?

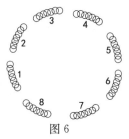

图 6

67. 肖爷爷分蘑菇

暑假里的一天,肖爷爷带着 4 个小朋友小明、小刚、小红和小丽去森林里采蘑菇。按照肖爷爷的安排,大家分头去寻找蘑菇。半小时之后,大家再次回到肖爷爷指定的大树下,各自将篮子里的蘑菇倒出来,进行清点。

肖爷爷数了数,大家一共找到了 45 个蘑菇。然而,这 45 个蘑菇其实都是肖爷爷一人采的,4 个小朋友谁也没有找到蘑菇,每人都是两手空空回来的。

"肖爷爷,求求您,我可不想带着一只空篮子回家,爸爸妈妈到时不知该怎么笑话我呀!"小丽恳求道。

"肖爷爷,您能不能把这些蘑菇分给我们一些?反正您是采蘑菇的行家,待会儿您肯定还能找到更多蘑菇的,您就分给我们一点吧。"

"肖爷爷,我也要。"

"肖爷爷,帮帮我们啦。"

看到这种情况,为了让大家都能有所收获,肖爷爷把这45个蘑菇全都分给了小朋友们。

接下来,大家在肖爷爷的指挥下,又出发四处寻找蘑菇。这一次,大家篮子里的蘑菇数量又有了变化:小明找到了2个蘑菇;小刚一个蘑菇也没找到,结果还把肖爷爷给的蘑菇弄丢了2个;小红找到的蘑菇数量,正好等于肖爷爷分给她的蘑菇数量;小丽不但一个蘑菇没找到,而且把肖爷爷给的蘑菇弄丢了一半。

结果,当大家回到家的时候,再数一数每人篮子里的蘑菇,发现4个小朋友篮子里的蘑菇都是一样多的。

那么请问,四个小朋友当初从肖爷爷那里得到了多少个蘑菇?等到了家时,四个小朋友各自拥有的蘑菇数量又是多少呢?

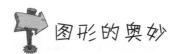
图形的奥妙

1. 巧移火柴棒

(1)按如图7所示的方法,可以用火柴棒摆成一个小房子,现在只允许移动构成这个房子的2根火柴棒,你能将房屋的朝向改变吗?

图7

(2)如图8所示,用火柴棒可以摆成一个向上爬的龙虾,现在我们移动其中3根火柴棒,试着将向上爬的龙虾变成向下爬的样子。

图8

(3)如图 9 所示,如果只能移动其中的 5 根火柴棒,你能将图示形状变成两个正方形吗?

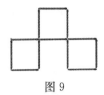

图 9

(4)如图 10 所示,用火柴棒摆出图示形状,能否只移动其中的 3 根火柴,将图形变成三个全等正方形呢?

图 10

(5)如图 11 所示,将火柴棒摆成图示形状,现在试着只移动其中 7 根火柴棒,将图形变成 4 个正方形。

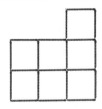

图 11

(6)从图 12 所示的图形中移去 8 根火柴,试着达到下面两个目的:①将其变成 2 个正方形;②将其变成 4 个全等的正方形。

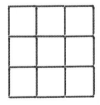

图 12

(7)试着用 6 根火柴摆出 4 个正三角形。

2.巧拼图形

(1)如图 13 是五角星,图中阴影部分的面积是五角星面积的多少?

图 13

(2)如图 14,一个任意四边形 *ABCD*,请你将它裁成四块,然后拼成一个平行四边形。

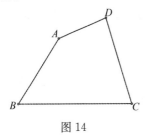

图 14

(3)如图 15,将一个正方形分割为十个小正方形。你能想出多少种分法?

图 15

(4)如图 16,如何做一条直线,将下列图形的面积进行平分?

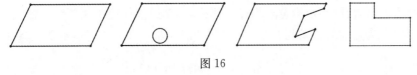

图 16

(5)把如图 17 所示的图形剪拼成一个正方形,要求:只能剪两刀,且面积不变。

(6)将图 18 分成四个大小相等、形状相同的图形。

(7)如图 19,某加工车间现有一块梯形钢板材料,为响应厂里提出的节省开支计划,打算把它切割后焊接成一块三角形,使其面积不变,请设计切割方案。如果切割后焊接成矩形呢?

(8)现有一张纸片长为 6.5 cm,宽为 2 cm,如图 20 所示。请你将它分成 6 块,再拼合成一个正方形。要求:先在图中画出分割线,再画出拼成的正方形,且标明相应的数据。

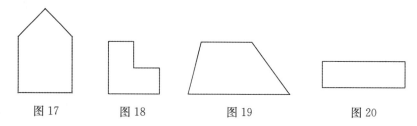

图 17   图 18   图 19   图 20

(9)如图 21 是一个由 36 个小正方形组成的长方形,请你先等分图形,把它剪成形状和大小完全相同的两部分,然后把剪下来的两部分拼成正方形。

(10)如图 22,请你将缺两角的"长方形"切成两块,拼成一个正方形。

(11)如图 23,有一张"十"字纸片,试着达到下面两个目的:

①请你将它剪两刀,拼成一个长与宽之比为 2∶1 的长方形;②将它剪两刀,拼成一个正方形。

(12)如图 24,有两个"十"字,每一个都是由五个方格组成,请将其中一个切成大小和形状相同的四块,与另一个"十"字拼在一起,合成一个正方形。

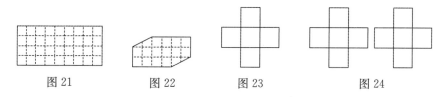

图 21   图 22   图 23   图 24

3. 如何过水沟?

如图 25 所示为一个四周被水沟包围的长方形广场,这个水沟是等宽的,同时有两块木板,其长度与水沟宽度相等。那么,你知道如何使用这两块木板,使其搭配后变成水沟上面的桥梁吗?

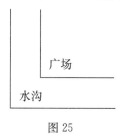

广场

水沟

图 25

4. 奇妙的画法

请你在纸上画如图 26 所示的两个同心圆,要求是笔尖不能离开纸面。你能做到吗?

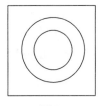

图 26

5. 你会画吗?

请你在一张纸上用三笔画出如图 27 所示的图形,要求:笔尖离开纸面即为一笔,不能重复画。

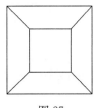

图 27

6. 植树问题

(1)9 棵树植 10 行,每行植 3 棵,如何种植?

(2)10 棵树植 5 行,每行植 4 棵,如何种植?

(3)12 棵树植 6 行,每行植 4 棵,如何种植?

7. 如何修补地毯?

肖爷爷家里有一块边长是 90 cm×120 cm 的地毯,如图 28 所示。因为用得太久了,地毯的两个对角有了很严重的磨损。肖爷爷认为必须将磨损的部分(图中的阴影部分)剪掉,为了既能保持美观,又不浪费,所以他要求裁剪后的地毯还能恢复成原来的长方形,即将缺了两部分的长方形地毯剪成两块,然后再缝合成长方形。

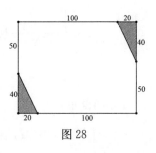

图 28

听了肖爷爷的要求后,聪明的地毯工人马上想到了方法,很快地毯又"变成"一个长方形了。你知道地毯工人是怎样做到的吗?

8. 一个正方形变成两个正方形

准备一张正方形纸片和一把美工刀。首先,用美工刀将正方形纸片分割成 8 部分,然后再将这 8 部分组合拼接成 2 个正方形,同时要求其中一个正方形的面积是另外一个正方形的 2 倍。那么究竟要怎样裁剪呢?

9. 你能画出正方体的表面展开图吗?

请尝试画出正方体的表面展开图,看看有多少种展开方法。

10. 巧排队伍

如何把 24 人排成 6 行,每行 5 人?

11. 小明学棋

小明想学习围棋,便决心向棋道高手肖爷爷学艺。见了肖爷爷并说明来意之后,肖爷爷将小明领到棋室,指着桌上的一个棋盘(如图 29)说:"我给你 18 枚黑棋子,你在棋盘的小方格上摆棋子,每格只能放 1 枚,要使每行、每列上都有 3 枚棋子。你过了这一关,我才能收你为徒。"小明该怎样摆棋子呢?

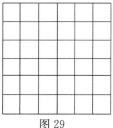

图 29

12. 找规律

如图 30 所示,A、B、C、D 四幅图上的黑点因数量、位置不同而各代表不同的数字,其中 A 表示 0,B 表示 9,C 表示 6,请你告诉我 D 表示几?

A   B   C   D

图 30

13. 切西瓜

把一个西瓜切 4 刀,最多可以切成多少块?怎样切?

14. 怎样画更简单?

在一次智力竞赛中,有这么一道有趣的题目:如图 31 所示的 9 个圆紧密地排列在一起,请你一笔画一条线,尽量少打折,使它穿过

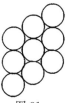

图 31

所有的圆。有人已画了一条线,一共打了 4 个折,你还有更好的答案吗?注意,这条线一定要是直的,而不能是曲线。

15. **巧拼正方形**

肖爷爷给小明八根木棒,其中四根短木棒的长度正好是另外四根长木棒的 $\frac{1}{2}$,如图 32 所示。不能折断木棒,用这八根木棒拼成三个同样大小的正方形,小明该怎么做呢?

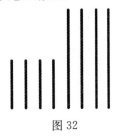

图 32

16. **折纸高手**

小丽是位折纸高手,她那一双巧手下折出来的东西无不栩栩如生,惹人喜爱。肖爷爷想考考她,便拿来一张长方形的纸片,请小丽将其中的一个直角三等分。小丽微微一笑,拿过来,三下五除二便做好了,你知道小丽是怎么做的吗?

17. **你会填吗**

肖爷爷给小明出了一道探索规律的试题:如图 33,根据给出的 5 幅图,填出第 6 幅图。小明很快填出了答案。肖爷爷一看,不禁称奇,小明填的正是标准答案。你知道是怎么填的吗?

图 33

18. **怎样移动棋子?**

在一场智力竞赛中,小明和小丽在前几轮的比赛中得分一样高,但他们两人中只能有一个人夺冠。于是在最后的一道题面前,两个人都暗暗下决心胜过对方。最后一题是这样的:在一个方格里,有四个棋子,要求在这个方格的横、竖、斜

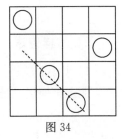

图 34

三个方向上不能同时有两个棋子。如图 34 所示,斜线上有两个棋子,是不合格的。小明一看题,急得满头大汗,小丽却很冷静,最终想出了办法,拿到了冠军。你知道小丽怎样移动棋子的吗?

19. 你能找到吗?

图 35 中的甲、乙、丙、丁是木工师傅做完活儿后剩下的 4 块边角料。如果从不同的角度来观察它们的话,哪一块会同时呈现出如图 36 所示的三个涂有颜色的形状来?

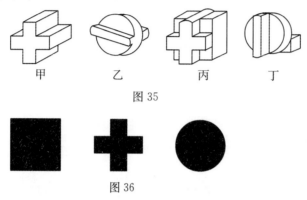

图 35

图 36

20. 多出来的人站到哪儿?

图 37 是一座看台,观察后可知上面可以站 6 个人。但是现在有 7 个人,你能替多出来的那个人找个地方吗?

图 37

21. 怎样传球?

12 个小朋友围成一个圆圈传球,请你想一想,应该隔几个人传球,才能使 12 个小朋友都能玩到球?

22.巧解绳子

如图 38 所示,小明与小刚的手被绳子捆在了一起。你能不能想个办法,不用剪断绳子,就使他们俩的手获得自由呢?

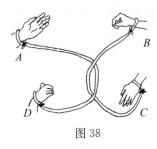

图 38

1.九死一生

从前,有一位穷人被财主诬陷,县官因已经接受了财主的贿赂,不想放人却又找不到理由,就出了个坏主意。他叫人拿来十张纸条,对穷人说:"这里有十张纸条,其中有九张写的'死',一张写的'生',你摸一张,如果是'生',立即放你回去,如果是'死',就怪你命不好,怨不得别人。"聪明的穷人早已猜到纸条上写的都是"死",无论抓哪一张都一样。于是他想了个巧妙的办法,结果死里逃生了。你知道他想的什么办法吗?

2.如何移动红旗?

地上插着 10 面红旗,横的 6 面,竖的 5 面,如图 39 所示。如果只许移动其中一面,你能否使横着的和竖着的都成为 6 面红旗。

图 39

3. 聪明的调度员

如图40,有一条三路交叉的铁路,左面的铁路上停着一节黑色车厢,右面的铁路上停着一节白色车厢,中间的铁路上停着一辆机车。现在要用这辆机车来使黑、白车互换位置,白色车厢调到左面铁路上,黑色车厢调到右面铁路上。并且在完成这任务后,机车要回到原来的位置,而方向仍和原来一样。机车可以前进或后退,可以拖着车厢或推着车开动。如果你是调度员,你怎么安排呢?

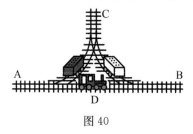

图 40

4. 如何渡河?

张老师、王老师、肖老师三人要到河对面的学校去,但是河面很宽,又没有桥,他们都不会游泳,没法过去。正在发愁时,他们看见了两个小朋友正划着一只小船。热心的小明和小丽答应帮他们渡河,但是船太小,一次只能把他们三人中的一个人渡过河去,即使多小明或小丽也不行,他们该怎么过河呢?

5. 如何画?

你能不能笔尖不离开纸面画出四条线段,使得他们通过下图中的九个点?

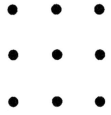

图 41

6. 如何摆?

如图42所示,这是用25个1元的硬币排列成的一个正方形,其横行、竖行及对角线上各有5枚硬币。现在再给你5枚1元的硬币,一共30枚硬币,你能不能使它的横行、竖行、对角线上各有6枚硬币呢?

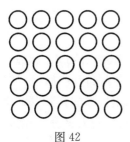

图 42

7. 何日聚会?

张叔叔、李叔叔和肖爷爷是好朋友,他们约定每个月聚会一次。但有一个问题很麻烦,肖爷爷不喜欢雨天出门;李叔叔不愿意晴天离开家,阴雨天还可以;张叔叔则讨厌阴天,只愿在晴天和雨天出门。在这种情况下,他们三人能聚会吗?

8. 最少几个人?

现有一重要信息,需要从沙漠西部送到沙漠东部,要求 12 天内必须送达。在已有的条件下,工作人员只有步行穿过沙漠一个办法,而每人最多只能带 8 天的食物。假设每人饭量相同,所带食物也一样,则最少需要几个人才能完成任务?

9. 射击比赛

星期天,小明和几个小朋友到游乐场去打靶。图 43 是他们的靶子,只有七个靶环,每个环上标有击中后的得分。射击者站多远都行,打几枪都可以。这看起来非常容易,但是射击者的最后得分必须为 100 环,多一环或少一环都算失败。那么该怎样射击才能达到规定的 100 环呢?

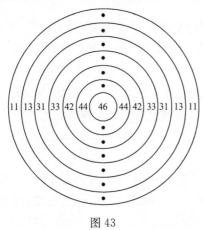

图 43

10. 一台电视机

甲、乙两人同居一室,长夜寂寞,便准备合资买台电视消磨时光。他们各出3000元钱,买了一台价格是6000元的电视。买回来后两人都有些后悔,便决定互相拍卖这台电视:两人各自把自己的出价写在纸条上,出价高的得到这台电视,但要照对方的出价付给对方钱。若两人出价一样,则所有权两人平分。在这种情况下,出价多少对自己最有利?

11. 八路军渡河

一队八路军战士要渡过一条河,但不巧的是,河上的桥都坏了,并且河水很深,大家又不会游泳,这可难倒了战士们。正在这时候,战士们看到不远处的河中有两个小孩正在划船。战士们想要借他们的船过河,但是他们的船很小,每次只能容纳1个大人或者2个小孩,尽管如此,战士们还是顺利地乘船到达河对岸了。你知道他们用了什么方法渡河吗?

12. 狼、山羊和白菜

一天,一个马戏团的小丑带着一只狼、一只山羊还有一棵白菜想要去河对岸,他想用船将它们送到河对岸去,但是船又太小了,每次只能带它们三个中的一个和马戏团的小丑自己。这可难坏了马戏团的小丑,因为如果把狼和山羊单独放在岸上,没有小丑的看管,那么狼就会把山羊吃掉,可是如果在没有小丑看管的情况下,把山羊和白菜单独放在岸上,那么白菜就会被山羊吃掉。

请你帮马戏团的小丑想个办法,将狼、山羊和白菜都安全地运到河对岸去。

13. 妈妈与女儿过河

有三位妈妈各自带着一个女儿要到河对岸的村子里面去,到河边时,发现岸边正好有一个可以容纳两个人的小船,大家一致认为乘船过河是最好的方法。本来问题很简单,但是谁知那三个固执的女儿坚决不与别人的妈妈同乘一条船过河,无论怎样劝说都毫无用处。虽然如此,最终在不违背女儿们意愿的情况下,三位妈妈与女儿们还是顺利乘船到达了对岸。你猜猜她们是怎样做到的?

14. 如何超车?

有甲、乙两列火车,当慢车乙快到达车站时,快车甲紧随其后赶了上来,此时,必须让快车甲先通过,所以慢车乙要进行避让。一般情况下,在火车铁轨的右侧都会设立火车避让线,但是这个铁轨右侧的避让线太短,以至于无法容纳慢车乙的所有车厢。你是否有办法使快车甲顺利通过?

15. 巧过河道

有 A、B、C 三艘船按先后顺序沿一条河道顺流而下,与此同时,另外三艘船 D、E、F 也按照先后顺序沿同一条河道逆流而上。已知这条河道不能容纳两艘船 并列穿过,但是在河道的一侧刚好有一个可以容纳一艘船的河湾。这六艘船能够 顺利地通过吗?

16. 如何移动火柴?

准备 10 根火柴,将这 10 根火柴如图 44 所示排成一行。现需要移动火柴,使 这些火柴变成两根一组的排列方式(火柴可重叠摆放)。但有一个前提,那就是在 移动火柴的时候必须要跳过两根火柴与另一根火柴重叠(例如:第一根火柴需跳 过第二根和第三根火柴从而与第四根火柴重叠)。

你知道如何做到吗?

图 44

17. 拉灯问题

(1)一个房间中有 100 盏灯,用自然数 1,2,…,100 编号,每盏灯各有一个开 关。开始时,所有的灯都不亮,有 100 个人依次进入房间,第 1 个人进入房间后, 将编号为 1 的倍数的灯的开关按一下,然后离开;第 2 个人进入房间后,将编号为 2 的倍数的灯的开关按一下,然后离开;如此下去,直到第 100 个人进入房间,将 编号为 100 的倍数的灯的开关按一下,然后离开。问:第 100 个人离开房间后,房 间里哪些灯还亮着?

(2)在十个房间里,有九个房间开着灯,一个房间关着灯,如果每次同时拉动 四个房间的开关,能不能将全部的灯关上?

18. 巧翻酒杯

有 6 个酒杯都杯口向上排成一行,每回只能翻动 5 个酒杯使杯口向下,则最少要翻几回就能使这 6 个酒杯都杯口向下?

19. 肖爷爷的魔法

在天气晴朗的好日子里,草原上年轻的人们决定进行一场赛马,这场比赛引来了很多人围观。在赛场上,有两个年轻人巴图与朝鲁正在进行赛马,比谁的马跑得快,然而因为两个人都技艺高超,而且骑的都是上等的好马,所以这场比赛在很长时间内不分胜负,最后,两人都倍感无聊,观众也因为无法看到谁赢得比赛而快快不乐。

"不如我们改变一下规则吧?"巴图思索了一下提议道。

"没问题! 这次我们比谁的马晚到目的地,谁就赢得对方的一只羊!"朝鲁拍手叫好表示赞成,同时胸有成竹地回答道。

就这样,他们决定按照新的规则重新比赛,而这场比赛也因为规则的怪异吸引了不少人围观。

"一、二、三,跑!"

可想而知,两人谁也不跑,围观者忍不住哄堂大笑,都觉得这个比赛简直愚蠢极了,再看下去也肯定没有结果。朝鲁和巴图两个人正不知如何是好时,赛场边肖爷爷来了。

"这里发生了什么事情?"肖爷爷问。

听到有人询问,大家都七嘴八舌地把事情的经过告诉了肖爷爷,听完大家的讲述,肖爷爷微微想了一下道:"这很简单,你们看着,只要我给这两个年轻人施点魔法,他们一定会争先恐后地奔跑起来……"

说着,肖爷爷走到朝鲁和巴图身边,只见他对两人轻声说了些什么,不一会儿,两个年轻人果然互不相让地狂奔起来,看那个劲头像是满心希望超过对方。当然,按照新的游戏规则,最终还是那个跑得慢的年轻人得到了奖金。

猜猜看,聪慧的肖爷爷究竟对小伙子们说了什么?

20. 聪明的阿凡提

有一天中午,阿凡提去喀什办事,路上恰好遇到巴依老爷与一个牧民在争论。

事情是这样的,一位牧民正准备在小路旁的树荫下吃午饭。这时,来了一位商人,这位商人对牧民说:"亲爱的朋友,我是出来做生意的,但很不幸我迷路了,现在我饿极了,能分给我一些食物吗?""当然可以了! 咱们一起吃吧!"善良的牧民回答说。这时候,在树荫下歇息的巴依眼珠一转,对商人说:"咱们三个一起吃,但你得给我们钱。"商人爽快地答应了。

牧民把全部的 7 个馕都拿出来了,巴依只拿出了 4 个馕,就这样,两人将各自的馕放在一起,三个人将馕平分成 3 等份,每人一份吃掉了所有的馕。商人吃完后,从口袋里拿出 11 个铜板递给牧民说:"我吃饱了,我只有这些钱带在身上,你们自己分配吧!"说完商人就赶路了。

可是,巴依和牧民在分钱的问题上却产生了分歧,争论起来。"这些钱我们应该一人一半!"巴依嚷道。"这里有 11 个铜板,而总共有 11 个馕,那么每个馕相当于 1 个铜板,你带了 4 个馕应该分 4 个铜板,而我带了 7 个馕,理应得 7 个铜板的!"牧民反驳道。

这时,恰好阿凡提路过这里,两人让阿凡提评理。阿凡提很快给出了分法。结果,奸诈的巴依低下了头,嘴里嘟嚷道:"还不如按牧民的分法好呢。"但是,他却不得不承认,阿凡提的分法是正确的。聪明的读者,你知道阿凡提是怎样分的吗?

21. 巧分稻谷

阿牛、阿明和阿壮三人合伙打工赚了一大袋稻谷,可是身边没有任何工具称量稻谷,所以只好目测分稻谷。

年纪较大的阿牛首先把稻谷分成了 3 堆,并说道:"第 1 堆给阿明,第 2 堆给阿壮,剩下的 1 堆我自己留着。"

"明显我分得的那堆是最少的,这样不公平!"阿壮提出抗议。

就这样,三人都因为觉得自己分得的稻谷少而争吵了起来,并且险些动起手。但是,无论是将第 1 堆稻谷分给第 2 堆一些,还是把第 2 堆稻谷分给第 3 堆一些,都无法使三人完全满意。

"如果只有我和阿明两人就好办了!"阿牛抱怨地说,"只要将所有的稻谷平分成两份,让阿明先选他喜欢的那堆,剩下的就是我的了。可是现在要怎么分才能让大家都满意呢?"

于是三人开始冥思苦想,都想找到一个能够使三人都满意的分法。最终,他们终于想到了一个方法,使得每人如愿以偿地分得了稻谷,而且都觉得很公平。猜猜看,他们想到的方法是什么?

22. 如何平分成三份?

现有 21 个酒桶,其中 7 个酒桶里面装满了美酒,还有 7 个酒桶中只装了半桶美酒,剩下的 7 个酒桶是完全空的。如果要把所有的酒桶和美酒分给 3 人,并保证每人都得到等份的美酒和酒桶,但是酒桶里的美酒不允许倒出,这种条件下,你知道怎样分吗?

23. 两笔奇怪的买卖

有两位果农各提着一篮石榴到集市上去卖。其中一位果农的定价是1元钱2个石榴，另一位果农的定价是2元钱3个石榴。两位果农的篮子里面都有30个石榴，第一位果农预算将全部石榴卖完后应该可以赚到15元钱，第二位果农预算应该可以赚20元钱。

为了避免竞争，两位果农决定将两人的石榴合起来一起卖，这样她们一共有60个石榴。这时第一位果农说："如果要保证我赚15元钱，而你赚20元钱，总共赚35元钱的话，那全部的石榴应该定价为3元钱5个石榴。"第二位果农没有提出异议，两人便把石榴合在一起卖了，一共是60个石榴，定价为3元钱5个。

当全部的石榴都卖完之后，两人数钱时发现一共卖了36元钱，多了1元钱。你知道这1元钱是怎么多出来的吗？而这多出来的1元钱应该给谁才公平呢？

为了这多出来的1元钱，两位果农在集市上吵得不可开交。这时，另外两个贪心的妇人知道了她们的情况，也想多赚一些钱。

于是这两个贪财的妇人也各带了30个石榴到集市上去卖。第一个妇人定价是1元钱2个石榴，第二个妇人定价1元钱3个石榴。所以，如果她们的石榴全部卖完的话，那么第一个妇人会得到15元钱，而第二个妇人会得到10元钱，合起来她们会赚25元钱。

于是，她们按照之前两位果农的方法将石榴合起来卖，这样，一共60个石榴，定价2元钱5个石榴。

但是当这两个妇人将全部的石榴卖完后，总共只收入24元钱，比她们预计的少了1元钱。

一样的方法，怎么她们会亏损1元钱呢？两妇人怎么也想不明白，你知道是怎么回事吗？这亏损的1元钱应该由哪个妇人承担呢？

24. 能拿到工钱吗？

有个吝啬的地主，每年年终的时候，总舍不得给长工发工钱。这不，新年刚开始，地主想到了一个坏主意，跟长工说："年终的时候，我给你出一个问题，如果你答对了，就如数付给工钱，否则这一年就白干。"长工没有办法，只能无奈地答应了。

到了年底，狡猾的地主指着院子里的圆柱形木桶（如图45）奸笑着对长工说："看见那木桶了吧！现在，我要你装半桶水在其中，记住，不能多于半桶，也不能少于半桶，还有就是，你不能使用任何工具来测量，知道吗？"

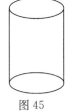

图45

虽然这问题很难为人,而且条件很苛刻,但是聪明的长工最后还是按照要求给出了正确答案,地主很不情愿地给了长工这一年的工钱。你知道长工是怎么做到的吗?

25. 分配卫兵

从前有一城堡是正方形的,在城堡里有一队卫兵在小队长的带领下站岗,时刻警惕着周围的情况以保证城堡主人的安全。这队卫兵共有 16 人,他们站岗的位置分配如图 46 所示,城堡的每一方向上各站 5 人。

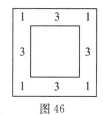

图 46

过了一会儿,中队长来了,他对小队长的安排不满意,于是下令将每方向 5 人改成 6 人。中队长刚走,将军就来视察了,他认为中队长的安排极其不妥当,所以一气之下下令将每方向 6 人改为 7 人。

在卫兵数目不变的情况下,中队长和将军的分配方式应该怎样实现呢?

26. 被蒙骗的主人

有一人,家境虽然富裕,做事却大大咧咧、粗枝大叶,糟糕的是,他偏偏雇用了一个头脑精明的仆人。

主人非常喜欢喝酒,并且在家里的酒窖中做了一个酒柜,这柜子是一有 9 个格子的正方形柜子,为了方便放置空酒瓶,中间的那一格总是被空出来、从不放酒。而在 4 角落的格子里,各自摆放了 6 瓶酒,在每条边中间的格子里,各自摆放了 9 瓶酒,加起来一共放了 60 瓶。而同时,从这正方形的每一边数,你都能发现有 21 瓶酒。具体情况如图 47 所示。

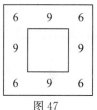

图 47

经过细心观察,那聪明的仆人发现:每次主人到酒窖清点酒瓶数的时候都不是很仔细,只是数数每一边的数量是不是 21 瓶而已。于是,这仆人想了个法子:他先偷了 4 瓶酒,然后,把剩下的酒重新排列成每一边 21 瓶的样子。

等到主人来酒窖检查的时候,发现无论怎么数,正方形酒柜的每一边仍然是 21 瓶酒。虽然觉得酒瓶放置的位置有些奇怪,不过,他认为这是因为自己上次清点时移动了酒瓶的位置所致。于是,主人放心地走了。

聪明的仆人看到主人如此疏忽大意,觉得更加有机可乘,于是,趁主人不在意的时候,再一次从酒柜里偷拿了 4 瓶酒。然后,又一次按照每一边 21 瓶酒的方式,把酒瓶重新摆放了一遍。

问题来了,这仆人在保证酒柜的每一边都是 21 瓶酒的前提下,总共能偷出多少瓶酒来?

27. 聪明的民工

有一家靠近建筑工地的小吃店,店面不大,店内一共有 4 张桌子,分别摆在四面墙的前面。这天,有 21 个刚刚收工的民工,大家都又累又饿,于是想到小吃店里大吃一顿。店老板看到有这么一大群顾客光临,顿时来了精神,热情地招待他们。因为每张桌子可以容纳 7 人入座,所以 21 个民工整整占满了 3 张桌子,老板则独占 1 张桌子(具体座位分配如图 48 所示,短线代表入座的人)。

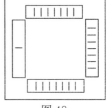

图 48

等民工们吃完饭后,正准备付钱。老板为招揽顾客,说:"今天大家第一次来,咱们做个游戏,如果你们能赢了我,这顿饭我请。游戏的规则如下:咱们 22 个人,现在按照顺时针的方向开始报数,从 1 数到 7,数到 7 的人可以先离开,最后由剩下的那人付账,好不好?"民工们都很兴奋,就与老板玩儿了起来。老板本想调节一下气氛,认为民工们肯定会输,没想到游戏最后剩下的那人却是自己,只好故作大方地说:"今天我请了,欢迎下次再来!"心中却不由得感叹,再也不能瞧不起民工了,他们之中也有高人啊! 那么,你知道要从哪里开始算起才会得到这样的结果吗?

假如是 3 张桌子,每张桌子坐 4 名民工,老板还是一人坐一张桌子,那么民工们要想让老板付账,应该从谁开始报起呢?

28. 阿凡提与巴依

贪心的巴依总感觉自己的钱财太少,经常抱怨:"上天对我太不公平了,为什么我的钱袋还没有满,这让我怎么过啊,老天! 我想变成个有很多很多钱的人,快来帮帮我吧!"

巴依的抱怨恰好被路旁的阿凡提听到了,于是,阿凡提出现在巴依面前。

"你刚刚说想要什么? 你想要钱么? 没问题,我可以帮你实现愿望! 看见那边河上的桥了没?"阿凡提问。

"嗯,我看到了!"巴依不解地回答说。

"现在,你只要走过那座桥一次,我就把你口袋里的钱增加一倍!"

"啊? 这是真的么?"巴依难以置信地看着阿凡提问道。

"那是当然!"阿凡提坚定地说,"我怎么敢骗你呢,不过,我有一个条件,那就是在你口袋里的钱每增加一倍的时候,你就必须给我 24 个铜板,你看行吗?"

"没问题! 绝对没问题!"巴依兴奋地答应了,"如果我每走过桥一次,我口袋里的钱真的可以多一倍出来,那么每次只给你 24 个铜板就没问题! 咱们要立契约,谁都不能反悔。那么,我们可以现在就开始吗?"

果不其然,每当巴依在那座桥上走过一次,阿凡提就把他的钱增加1倍,当然,他也必须遵守承诺每次付给阿凡提24个铜板。然后,再回头走第二次,阿凡提又给巴依口袋里的钱增加了1倍,像上次一样,巴依又给了阿凡提24个铜板。

接着,巴依走了第三次,口袋里的钱如数增加了原来的1倍,但是,此时巴依口袋里只剩下24个铜板了,巴依不甘心却又无奈地把剩下的全部的钱都给了阿凡提,结果,最后巴依身上一个铜板都没剩下。

那么,你知道在遇到阿凡提之前,巴依的口袋里有多少个铜板吗?

29. 商人与面包

有三个商人赶了一整天的路,决定到路边的旅店休息。他们实在是太累了,所以吩咐老板娘为他们烤一些面包并送到他们的房间里,之后,他们就回房间休息了。

一会儿,老板娘烤好面包后把面包送到了三个商人的客房里,结果发现三个商人都已经睡着了。于是,老板娘在没有吵醒他们的情况下,将面包放在桌子上就悄悄地出去了。

不久,第一个商人最先醒来,他看到了桌上放着的热腾腾的面包,但是他不想把同伴吵醒,于是就按照平分的方法,把自己的那份吃了,然后又回去继续睡觉了。

过了一会儿,第二个商人醒了并看到了桌上的面包,他不知道第一个商人已经吃过了,所以他也是按照三个人平分的方法,只吃了桌上面包的 $\frac{1}{3}$ 后就继续回去睡觉了。

不久后,第三位商人醒来,同样,他不知道其他两个人已经吃过了,所以就只吃了剩下面包的 $\frac{1}{3}$。他吃完后,正好其他两个商人也醒了,这时他们发现碗中还剩下8个面包,顿时觉得奇怪。

那么,你知道老板娘总共烤了多少面包吗? 三个商人每个人吃了多少个? 剩下的8个面包应该怎么分才能对每个人都公平呢?

30. 钓了多少条鱼?

甲、乙、丙三人一起去钓鱼。他们将钓得的鱼放在一个鱼篓中,就在原地躺下休息,结果都睡着了。甲先醒来,他将鱼篓中的鱼平均分成3份,发现还多1条,就将多的这条鱼扔回河中,拿着其中的1份回家了。乙随后醒来,他将鱼篓中现有的鱼平均分成 3 份,发现还多 1 条,也将多的这条鱼扔回河中,拿着其中的 1 份回家了。丙最后醒来,他将鱼篓中的鱼平均分成 3 份,这时也多 1 条。这三个人至少钓到多少条鱼?

31. 毕达哥拉斯的银币

毕达哥拉斯是古希腊的哲学家、数学家,一次他在意大利南部游历,突然想在当地传播一些几何的知识,他找来五个身无分文的青年,告诉他们只要他们认真学习,就每天奖励每人银币 1 枚。经过一段时间,毕达哥拉斯的钱袋已经空无一文,但在这时候五个青年人已经被奇妙的几何学所吸引,宁愿自此以后每人每天交给毕达哥拉斯 2 枚银币,以换取能继续向他学习的机会。自这天起,又过了毕达哥拉斯每天奖励五个青年 1 枚银币的那段时间的 $\frac{1}{4}$,每个青年手中还剩 5 枚银币,你知道毕达哥拉斯的钱袋里原有多少枚银币吗?

32. 巧提火柴

将 16 根火柴任意组合排列,能否在只提起其中 1 根的条件下,提起剩余的 15 根火柴?

33. 能否娶到公主?

一位王子向公主求婚。公主为了考验王子的智慧,就让仆人端来两个盆,其中一个装着 10 枚金币,另一个装着 10 枚同样大小的银币。仆人把王子的眼睛蒙上,并把两个盆的位置随意调换,请王子随意选一个盆,从里面挑选出 1 枚硬币。如果选中的是金币,公主就嫁给他;如果选中的是银币,那么王子就再也没有机会了。

王子听了之后说:"能不能在蒙上眼睛之前,任意调换盆里的硬币组合呢?"公主同意了。

问题:王子会怎么分配这 20 枚硬币呢? 王子最后能娶到公主的最大概率是多少(假定:金币与银币除了颜色外,无其他区别)?

34. 巧移杯子

课外活动课上,肖爷爷拿出 10 只杯子,排成一条直线放在讲台上,然后对同学们说:"左边的 5 只杯子倒满了水,右边的 5 只杯子空着。谁能只移动 4 只杯子,就能让 10 只杯子的顺序变成盛水的杯子和空杯交错排列?"

同学们睁大眼睛看着 10 只杯子,纷纷用手比画着。很快,同学们纷纷举起了手,说出了正确的答案:只要将左起第 2 只与第 7 只、第 4 只与第 9 只杯子互换位置,盛水的杯子与空杯就能交错排列了。肖爷爷演示了一遍,果然,盛水的杯子和空杯互相隔开了,如图 49 所示。

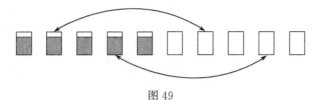

图 49

肖爷爷把交错排列的杯子又摆回原样,然后接着问同学们:"如果只准动 2 只杯子,你们还能达到同样的目的吗?"

教室里静悄悄的,同学们紧张地思索着。过了好一会儿都没有人举手。

突然,小莉站起来,说:"我有办法。"说着走到讲台前,拿起左起第 2 只杯子,把里面的水倒进第 7 只杯子;又拿起第 4 只杯子,把里面的水倒进第 9 只杯子。结果,盛水的杯子与空杯再一次是交错排列的。如图 50 所示。

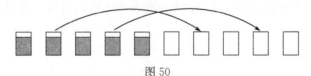

图 50

肖爷爷十分高兴,便问道:"你是怎么想到的呀?"

小莉说:"我只是换了一种思考方式,将'调换'变成了'倒入'。"

肖爷爷说:"你说得很好!我们思考问题时,就是要发散思维,从不同的角度分析问题,就有可能探究到更好的解题方法。"

接着,肖爷爷把 7 只杯子放到讲台下面,台上只剩下 3 只空杯子。他从抽屉里拿出 10 颗漂亮的玻璃球,说道:"请把这 10 颗玻璃球分别放进这 3 只杯子里,要求每只杯子里的玻璃球都必须是单数,不能是双数。"

聪明的小朋友,你能做到吗?

万物皆数

1.那是因为有一个人将分到的一个苹果装在了篮子里面。

2.666 的 1.5 倍是 999,那么我们这样来做,在白纸上写出数字 666,然后将这张白纸倒过来(也就是旋转 180°),你会发现 666 变成了 999!

3.当然可以! 比如: $\dfrac{-3}{6} = \dfrac{5}{-10}$。

4.只需要 7 个砝码,这 7 个砝码的质量分别为:1、2、4、8、16、32、37 克。显然,这 7 个砝码可以称出从 1 克到 100 克的各种不同的质量。比如 21(克)=16+4+1。

5.解:(1)能;7(克)=9+1-3,即:物+3=9+1,天平平衡;11(克)=9+3-1,即:物+1=9+3,天平平衡。

(2)所需要的砝码:1、3、9、27 克四种。通过分析得出结论:砝码的重量是按下面的规律定的,1、3、3×3、3×3×3、3×3×3×3、…、n 个 3 相乘,即 3^n。

6.第一次称量:把 9 个小球分成 3 份,每份 3 个,先在天平两边分别放 3 个。会有两种情况出现:

①左右平衡,则次品在剩下的 3 个中,即可进行第二次称量:从剩下的 3 个中拿出 2 个,放在天平的两边,一边 1 个。若天平平衡,则剩下 1 个是次品;若天平不平衡,则托盘上升一边为次品。

②若左右不平衡,则次品在托盘上升的一边的 3 个中,由此即可进行第二次称量:从上升一边的 3 个中拿出 2 个,放在天平的两边,一边 1 个。若天平平衡,则剩下 1 个是次品;若天平不平衡,则托盘上升一边为次品。

综上所述,至少需要称 2 次,才能找到这个小球。故答案为 2。

7.把十筐桃子按 1～10 编上号,按每筐的编号从里面取出不同数量的桃子,如编号为 1 的筐里取 1 个,编号为 5 的取 5 个……共 $(1+2+3+\cdots+10) \times \dfrac{10}{2} =$ 55(个)。如果每个桃子的质量都是 1 斤,一共应该是 55 斤。由于有一筐的质量较轻,所以不可能是 55 斤,只能在 54～54.9 斤之间。如果称量的结果比 55 斤少

x 两,质量较轻的就一定是编号为 x 的那筐。实际上,为了称量方便,第十筐的桃子也可不取,一共取 45 个,最多 45 斤。如果称得的结果正好是 45 斤,说明第十筐是轻的。否则,少几两就说明编号为几的筐的桃子是轻的。

8. 很多人会根据下面的思路想这个问题:一昼夜有 24 小时,一昼夜的时间里,蜗牛向上爬 5 米,又下滑 2 米,也就是一昼夜蜗牛共前进 3 米,那么,如果蜗牛要爬到 9 米的位置,需要 3 个昼夜的时间,也就是在星期三的上午 6 点达到 9 米位置。

那么这个答案到底是不是正确的呢? 很明显,在第二个昼夜之后,蜗牛已经爬到了 6 米的位置,在星期二上午 6 点,蜗牛又开始向上爬,那么到晚上 6 点时蜗牛已经爬到了 11 米,超过了 9 米的位置,所以上述答案显然是不对的。正确的答案是蜗牛在星期二的下午 1 点 12 分达到 9 米位置。

9. 一支笔和一只笔套的价钱共 11 元,所以钱款应是 11 的整倍数。而 11 的整倍数有一个特点:其各奇位(从个位数起)数字之和与各偶位数字之和要么相等,要么相差 11 的整倍数(如 11、22 等)。1869 这个数字符不符合呢? 各奇位数字和为 $8+9=17$,各偶位数字之和为 $1+6=7$、$17-7=10$,故 1869 不是 11 的整倍数。于是采购人员知道这个金额肯定算错了。而 1969 呢,$9+9=18$、$1+6=7$、$18-7=11$,是 11 的整倍数,所以 1969 是能被 11 整除的。

10. 解:设壶中原来有酒 x 斗。可得方程:$[(2x-1)\times2-1]\times2-1=0$,解得 $x=\dfrac{7}{8}$。

11. 显然,这宝塔的灯是上少下多的。假设从上到下的第一层(最上层)的盏数为 1,则第二层至第七层(在地面的一层)的盏数就分别是 $1\times2=2$、$2\times2=4$、$4\times2=8$、$8\times2=16$、$16\times2=32$、$32\times2=64$。总的份数就是:$1+2+4+8+16+32+64=127$(份),故每一份的盏数(即最上层的盏数)是:$381\div(1+2+4+8+16+32+64)=381\div127=3$(盏)。则从上到下每层的盏数为:3、6、12、24、48、96、192。

12. 这个问题看似复杂,其实只要抓住鸽子是持续不停留地飞行这一关键,就可以解决问题了,很容易就可以知道鸽子飞行了 3 个小时(即两辆自行车相遇时所用的时间),所以,鸽子总共飞了 24 千米。

13. 与上题类似,这道题只要算出两个猎人用了多少时间相遇即可。根据题意可知,假设两个猎人用了 x 时相遇,那么可以列出一个路程相等的式子:$6x=4x+8$,解得 $x=4$,也就是说第二个猎人用了 4 个小时赶上第一个猎人,那么狗也跑了 4 个小时,所以狗总共跑了 $4\times15=60$(千米)。

14. 个位数是 5 的一切整数都有一个特点,那就是可以用 $(10a+5)$ 的形式表示(a 代表整数的十位上的数字)。那么就有如下式子:

$(10a+5)^2=10^2\times a^2+2\times 5\times 10a+5^2=100a^2+100a+25=100a(a+1)+25$

根据上面的等式不难看出,当求整数$(10a+5)^2$时,只要在$a(a+1)$的右侧加上 25 即可得到答案。

这种方法除了使用于两位数之外,更多位数的平方也能应用它求出。

例如:$10\times 11=110$,因此 $105^2=11025$;$12\times 13=156$,因此 $125^2=15625$。

15.根据题目,我们可以理解为只要将要求的数加上一个 1,就可以被 1、2、3、4、5、6 整除,具有这种特性的数字中,最小的是 60,所以这种数列是:60,120,180…

又因为这个数也能被 7 整除,所以只要在上述数列中搜寻能够被 7 整除余 1 的数即可,在上述数列中符合条件的最小的数为 120,那么符合这个题目需求的所有答案中,最小的数为 119。

16.有 4 个篮子里各放 6 个,1 个篮子里放 16 个,最后 1 个篮子里放 60 个。

17.A 篮里有 20 个梨,B 篮里有 8 个梨,C 篮里有 14 个梨,D 篮里有 11 个梨。

18.四个篮子里一开始装有的苹果个数分别为:23、15、14、12。

19.(1)$(1+2+3+\cdots+11+12)\times 12\div 2+12=90$(次)。

$\qquad$ $90\times 2=180$(次)。

(2)22 次。

20.有很多能够证明 1 至$(2n-1)$的所有奇数和是否等于 n^2 的方法,下面我们结合图形来进行证明。

首先如图 1 所示,画出一个有 n^2 个格子的正方形,也就是 $n=6$。再在格子上涂阴影,从而将正方形分成几部分。然后从左上角开始数各部分的格子数,第一部分(涂阴影的部分)有 1 个格子,第二部分(空白部分)有 3 个格子,第三部分(涂阴影的部分)有 5 个格子,依次类推,格子数逐渐增多,到第 n 部分

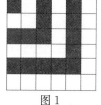

图1

时,有$(2n-1)$个格子,所以,整个正方形的全部格子数为:$1+3+5+7+\cdots+(2n-1)=n^2$。

命题得证。

21.设同学们报出的数字为 a。肖爷爷先将 a 乘以 9,再乘 12345679,即:$12345679\times 9a=111111111\times a$。因此用该乘式进行计算,其结果必定全部由同学们所报的数 a 所组成。

22.注意不要漏算旗手,73 人。

23.这里巧妙地运用了一个恒等关系。

如果 x 为要猜的年龄,那么小朋友告诉你的答数就是:$\dfrac{(3x+3)}{3-3}=x+1-3=$

$x-2$。

不管 x 是多少,小朋友把答数告诉你,就是把 $x-2$ 告诉你了,你把它加上2,当然就可以算出他的年龄了。

因为不管 x 是什么数,这个恒等关系总成立。所以对方如果要你算他的哥哥、爸爸甚至爷爷、奶奶的年龄,你都能算出的。

24.第二队迷路的有三人。

25.出发时每辆车带足6油箱油。行驶40千米路后,其中一辆把车上的4箱油平分给其他4辆车,自己留一箱返回驻地。行驶到80千米路时,又一辆车把车上的3箱油平分给其他3辆,自己留2箱油返回驻地。行驶到120千米、160千米处,用同样的方法处理。最后就可保证有一名侦察员顺利到达边防。

26.妻子:$\frac{2}{7}$,儿子:$\frac{4}{7}$,女儿:$\frac{1}{7}$。过程:因为数学家生前只考虑到妻子和儿子、妻子和女儿2种组合,而这2种组合都与妻子有关,所以设妻子所分遗产比例为 a,则有儿子所分遗产比例为 $2a$(当妻子和儿子为一个整体时,妻子为 $\frac{1}{3}$,儿子为 $\frac{2}{3}$。妻子:儿子=1:2),女儿所分遗产比例为 $\frac{1}{2}a$(当妻子和女儿为一个整体时,妻子为 $\frac{2}{3}$,女儿为 $\frac{1}{3}$。妻子:女儿=1:$\frac{1}{2}$)。将全部遗产看作一个整体,即妻子、儿子、女儿分别所占的遗产比例之和为1,则有:$a+2a+\frac{1}{2}a=1$,解得 $a=\frac{2}{7}$。故妻子所分遗产比例为:$a=\frac{2}{7}$,儿子所分遗产比例为:$2a=\frac{4}{7}$,女儿所分遗产比例为:$\frac{1}{2}a=\frac{1}{7}$。

27.这里的关键不是数量的多少,而是数量的关系。仔细分析遗嘱,不难看出,妻子和儿子所得遗产的数量相同,妻子的数量是女儿的2倍。有了这个关系就不难分配了,妻子和儿子各得总数的五分之二,女儿得总数的五分之一。

28.数不完。即使她一天24小时不停地数下去,也只能数出86400个正方形,因为24小时只有86400秒。要数出100万个正方形,她得不间断地工作12天。

29.闹钟比挂钟每小时要快3分钟,这样闹钟每20小时即快1小时,但比实际时间快20分钟。因此这两只钟是在19小时20分钟之前,即11点40分时校准的。

30.如果他们俩各干一半,那小明要比小亮多用2天。根据题意,他们一起工作时,时间正好相差 2 天。由此可知,小明 7 天内完成了一半工作。而小亮完成一半工作则只用了 5 天。那么要单独完成这项工作,小明需要 14 天,小亮需要 10 天。

31.因为警察忽略了 11 点 11 分 11 秒这个数字。

32.解:黑皮有 x 块,则白皮有$(32-x)$块。

$$5x=\frac{6(32-x)}{2},$$

解这个方程得:$x=12$。

所以:$32-x=32-12=20$。

答:黑皮(正五边形)有 12 块,白皮(正六边形)有 20 块。

33.两条折痕相距 1 厘米。

34.50 分钟。小明比平时早到 20 分钟,说明爸爸少开了 20 分钟的路程,20 分钟是往返两次节省的时间,说明单程少用了 10 分钟。即:他爸爸接他比平时少花了 10 分钟,也就是说 5∶50 接到他的。所以小明走了 50 分钟。

35.用 1、2、3 这三个数字所能组成的最大数字是 $3^{21}=10460353203$,远比 321 大。

36.最少要 13 票才肯定能当选。若选一人,超过半数 25 票肯定当选;选 2 人时,票数比全部选票的$\frac{1}{3}$多就行;选 3 人时,比$\frac{1}{4}$多就可以了。

37.七位太太在教堂里相聚一次的天数需被 2、3、4、5、6、7 除尽,即隔 420 天后才能齐聚于教堂。

38.最初阿壮有 5 只羊,阿宝有 7 只羊。

39.答案:假设地球的半径是 r 米,周长就是 $2\pi r$ 米,铁丝的长度就是$(2\pi r+1)$米,这个铁丝围成的圆圈的半径就是$(r+\frac{1}{2\pi})$米,它比地球的半径长$(r+\frac{1}{2\pi}-r)$米$=\frac{1}{2\pi}$米,π 约等于 3.14,计算可以得出$\frac{1}{2\pi}$米大约为 0.16 米,所以说这个铁圈将地球围住的话,大约离地面还有 16 厘米,完完全全可以放进去一个拳头。

40.我们用表达式 $10a+b(0\leqslant a\leqslant9,0\leqslant b\leqslant9)$来表示一个两位整数,那么依照题意,两个整数之差为:$(10a+b)-(10b+a)=9(a-b)$。可知上述差值能够被 9 整除。

如果将差值设为 $10k+L(k\leqslant9,L\leqslant9)$,那么 $10k+L=9k+(k+L)$。显然,差值的十位数等于 9 减去你被告知的个位数。

例如:假设设定的数字为 37,那么 $73-37=36$,而你的朋友告诉你个位上的数字是 6 时,那么十位数就是用 9 减去 6 得到的 3;假设设定的数字是 54,那么

$54-45=9$,被告知个位上的数字是9后,用9减去9得到差值为0,也就是说十位上的数字是0,这个差值就是9。

41. 不能简单地认为王家应得5元,李家应得4元。应该知道,王、李两家所做的工作中,除帮张家外,还有他们自己的任务。很明显,每家的工作量为3小时。王家帮张家干了2小时,李家帮张家干了1小时,王家帮张家的工作量是李家帮张家的2倍,得到的报酬当然也应该是李家的2倍。因此,王家应得6元,李家应得3元。

42. 可以这样问:"如果我问对面那个人,应往哪边走,他会怎样告诉我?"这个问的方法是非常巧妙的,它把两个相反的回答变成了一个统一的结果:最后得到的回答必然一个是真话、一个是假话,真话对结果没有影响,假话把路给指错了。因此,只要按回答的相反的路走就保证不会错。

43. 解决这类题最好用倒推法。因为最后1只羊也没剩,可以肯定是杀了1只。按遗嘱要求,女儿只能分2只,才能剩下1只。按同样的思路分析可以得到结果:儿子分8只,妻子分4只,女儿分2只,邻居分1只,共15只羊。

44. 分析:"剩下"的人是逐渐向中间靠拢的。第一次剩下的运动员的编号能被2整除,第二次剩下的运动员的编号能被4整除,第三次剩下的能被8整除……第n次剩下的能被2^n整除。最后剩下的是能被32整除的数,即最后剩下的运动员是32号。如果教练下令"双数运动员出列",最后剩下的运动员是1号。

45. 这个游戏的秘诀就是,先喊出使得累计和到89的数字的人会赢。因为只要先使累计和为89,那么另一个人说出任何一个小于等于10的数之后,其总和一定小于100,那么对于剩下的那一次喊数的机会,你只要喊出那个小于等于10的差数就能赢得比赛啦!

下面我们要解决的关键问题是,如何先喊出一个数使得累计和为89。

首先,我们将100做连续减法,减数为11。这样,我们可以依次得到一组数为89、78、67、56、45、34、23、12、1,将这组数重新由小到大排列后为:1、12、23、34、45、56、67、78、89。怎样能够快速又牢固地记住这些数字呢?下面教你一个方法:首先,游戏规则中数字界限是10,将其加1,那么得到11这个数字;然后将11依次乘以1、2、3、……7、8后得到数字11、22、33、……77、88,最后再将这些数字加上1,就得到上述一组数中1以后的数字啦。

在玩游戏的过程中,当你首先说出1后,你会发现无论对方说出哪一个小于10的数字,你都可以在下次喊数时说出一个数,使得数字累计和为12,当然,接下来你同样可以喊出数字使得数字的累计和为23、34、45、56、67、78、89。

如果玩游戏的两个人都知道上面的技巧的话,那么要想赢得这场游戏,就必须赢得首先喊数的权利,因为只有第一个说出1的人,才会赢得游戏。

46.由题意,用甲、乙所说的话列出算式:

甲＝100乙;

乙＝1000甲。

由此解得甲＝乙＝0。

即甲、乙对他的爱均等于0。

47.分析:从题目中可以知道,木棍锯成的段数,比锯的次数大1;而锯的次数并不一定是三种刻度线的总和,因为当两种刻度线重合在一起的时候,就会少锯一次。所以,本题的关键在于计算出有多少两种刻度线或者三种刻度线重叠在一起的位置。

把木棍看成是10、12、15的最小公倍数个单位,那么表示每个等分线的数都是整数,而且表示重合位置的数都是等分线段长度的公倍数,利用求公倍数的个数的方法计算出重合的刻度线的条数。

[10,12,15]＝60,先把木棍60等分,每一份作为一个单位,则第一种刻度线相邻两刻度间占6个单位,第二种占5个单位,第三种占4个单位,分点共有9＋11＋14＝34(个)。[5,6]＝30,故在30单位处两种刻度重合1次;[4,5]＝20,故在20、40单位处两种刻度重合2次;[4,6]＝12,故在12、24、36、48单位处两种刻度重合4次;[4,5,6]＝60,所以没有三种刻度线重叠在一起的位置。所以共有不重合刻度34－1－2－4＝27(个)。从而木料被分成28段。

48.分析:序号为11以内,可填的数见表1。

表1

序号	1	2	3	4	5	6	7	8	9	10	11
可填的数	3 8	2 7	1 6	5	4 11	3 10	2 9	1 8	7	6	5

3是迎春数,排列为3、2、1;

5是迎春数,排列为3、2、1、5、4;

8是迎春数,排列为8、7、6、5、4、3、2、1;

9是迎春数,排列为8、2、6、5、4、3、9、1、7;

10是迎春数,排列为3、2、1、5、4、10、9、8、7、6。

49.方法1:配对求和。

$1+2+3+\cdots+(n-2)+(n-1)+n$

$=1+2+3+\cdots+(n-2)+(n-1)+n$

$=\dfrac{n(n+1)}{2}$

方法 2:用图形求和。

首先,画出一个长方形,将长方形的纵线与横线分别进行 n 等分与 $(n+1)$ 等分,同时在等分点处进行 1 到 n 和 1 到 $(n+1)$ 的标记。然后将这些点以平行线连接起来(如图 2)。如此,便形成了 $n(n+1)$ 个全等的小正方形。

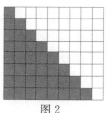

图 2

如图 2 所示,将部分格子涂上阴影,涂阴影的格子数就用 $n+(n-1)+(n-2)+\cdots+3+2+1$ 来表示。

同时,我们可以知道空白格子的数目与涂阴影格子的数目相同,那么,格子的总数就是 $2 \times (1+2+3+\cdots+n) = n(n+1)$。

由此得到 1 到 n 的自然数之和为 $1+2+3+\cdots+n = \dfrac{n(n+1)}{2}$。

50. 首先,我们假设父亲积攒的银币数为 n。第一个儿子拿走 $\left(\dfrac{n}{5}+\dfrac{1}{5}\right)$ 个银币后,还剩下 $\left(\dfrac{4n}{5}-\dfrac{1}{5}\right)$ 个银币。第二个儿子得到了剩下的四分之一加上四分之一个银币,就是 $\left(\dfrac{n}{5}-\dfrac{1}{20}+\dfrac{1}{4}\right) = \left(\dfrac{n}{5}+\dfrac{1}{5}\right)$ 个银币,和他的哥哥得到的数量是一样的,之后还剩下 $\left(\dfrac{3n}{5}-\dfrac{2}{5}\right)$ 个银币有待分配。根据这个方法继续算下去,我们发现其中四个儿子得到的银币数量都是一样的,都是 $\left(\dfrac{n}{5}+\dfrac{1}{5}\right)$ 个,而最小的儿子得到的是 $\left(\dfrac{n}{5}-\dfrac{4}{5}\right)$ 个,也就是说他比其他人少了 1 个银币。小儿子得到的是 7 个,所以我们很容易解这个方程式:$\left(\dfrac{n}{5}-\dfrac{4}{5}\right) = 7$,结果是 $n=39$。

这个父亲一共积攒了 39 个银币。前四个儿子都得到了 8 个,最小的儿子得到了 7 个。

51. 逆推法:63 个。

52. 考虑到省钱的问题,就是买一个"9"的数字牌需要 9 元,大家可以用 6 元的数字牌"6"来代替"9"。

很快就可以得出答案:肖爷爷家如果在街的东边,肖爷爷家的门牌号为 89[8+6=14(元)],左边房子的门牌号为 87[8+7=15(元)],右边的门牌号为 91[6+1=7(元)]。

如果肖爷爷家在街的西边,这道题就有了另外的答案,肖爷爷家的门牌号是 108[1+10+8=19(元)],左边的门牌号为 106[1+10+9=20(元)],右边的是

110[1+1+10=12(元)]。这个答案也是可以的。

53.分析:根据题意,该数要能被 55 整除,则末位只能为 0 或者 5。又由于无论如何切割,第三张纸条的最后一位都是 7,则前两张纸条的末位和应该为 8 或者 3(不可能),则前两张纸条的最后一位数字应为 3 与 5 或者 2 与 6,此时 3 张纸条上的数分别是 2、3456、7 或者 23、45、67,求和分别为 3465 与 135,只有 3465 为 11 的倍数。所以小丽是在 2 与 3 之间以及 6 与 7 之间撕的纸条。

54.具体的移动方法如图 3 所示,顺序为先由上至下,再由左至右,总共需要移动 24 次。

6—5	2—4	4—6
4—6	1—2	2—4
3—4	3—1	3—2
5—3	5—3	5—3
7—5	7—5	7—5
8—7	9—7	6—7
6—8	8—9	4—6
4—6	6—8	5—4

图 3

55.把每双袜子都分开,两人各拿一只,这样每人都可得到一双黑的和一双白的。

56.九次。因为每次都要有一个人把空船划回来。

57.分析:可以。(1)标 3 条刻度线,刻上 A、B、C 厘米(都是大于 1 且小于 9 的整数),那么,A、B、C、9 这 4 个数中,大数减小数的差值至多有 6 个:$9-A$、$9-B$、$9-C$、$C-A$、$C-B$、$B-A$,加上这 4 个数本身,至多有 10 个不同的数,有可能得到 1 到 9 这 9 个不同的数。(2)如果刻在 1、4、7 厘米处,由 1、4、7、9 这 4 个数,以及任意 2 个的差,那么能够得到从 1 到 9 之间的所有整数:1、$9-7=2$、$4-1=3$、4、$9-4=5$、$7-1=6$、7、$9-1=8$、9。(3)除 1、4、7 之外,还可以标出 1、2、6 这 3 个刻度线:由 1、2、6、9 这 4 个数,以及任意 2 个的差,能够得到从 1 到 9 之间的所有整数:1、2、$9-6=3$、$6-2=4$、$6-1=5$、6、$9-2=7$、$9-1=8$、9。(4)标出与 1、4、7 对称的 2、5、8 或标出与 1、2、6 对称的 3、7、8 也是可以的。

58.分析:立方体有 12 条棱、6 个面,每条棱都是两个相邻面的公共棱,因此只要有 3 条棱是白色,就能保证每个面上至少有一条棱是白色的。如图 4 就是一种。

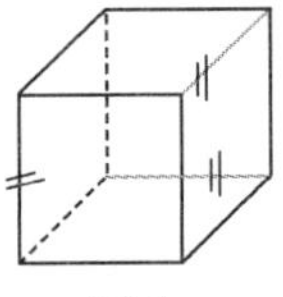

图 4

59.分析:2×2 棋盘,1 个"皇后"放在任意一格即可控制;3×3

棋盘,1个"皇后"放在中心格里即可控制;4×4棋盘,1个"皇后"不能控制,还需要1个"皇后"放在拐角处控制边上的格,所以至少要放2个"皇后"。如图5所示。

图5

60.分析:给100个人分别编号1~100,将他们知道的消息也编上相同的号码。(1)2~50号每人给1号打1次电话,共49次,1号、50号得到1~50号消息。同时,52~100号每人给51号打1次电话,共49次,51号、100号得到51~100号消息。(2)1号和51号通1次电话,50号和100号通1次电话,这时1号、50号、51号、100号这4个人都知道了1~100号消息。(3)2~49号和52~99号的每人与1号(或者50号、51号、100号中的任意1人)通1次话,这96人也全知道了1~100号消息。这个方案打电话次数一共是49+49+2+96=196(次)。

61.分析:能。3×4=12,有4黄8绿,即黄1绿2,横竖方向都按这个规律染成图6的样子。

图6

62.分析:可以。按要求一共翻动1+2+3+⋯+2021=2021×1011(次),平均每个硬币翻1011次,是奇数。而每个硬币翻奇数次,结果都是把原来朝下的一面翻上来。因为2021×1011=2021+(2020+1)+(2019+2)+⋯+(1011+1010),所以可以这样翻:第1次翻2021个,每个全翻1次;第2次与第2021次(最后1次)一共翻2021次,等于又把每个翻了一遍;第3次与第2020次(倒数第2次)一共翻2021次,第4次与第2019次一共翻2021次⋯⋯第1011次与第1010次也一样,都可以把每个硬币全翻1次。这样每个硬币都翻动了1011次,都把原先朝下的一面翻成朝上。

63.分析:设7分者胜X局,负Y局;20分者胜M局,负N局,则有X−Y=7,M−N=20。假设没有平局,那么由于比赛局数相同,得到:X+Y=M+N,X+Y+M+N为偶数。另一方面,因为X−Y=7,X和Y两个数奇偶性不同,两者之和为奇数;又因为M−N=20,可知M和N奇偶性相同,那么M+N为偶数。得出的结果是：$X+Y+M+N$ 之和为奇数。这与 $X+Y+M+N$ 为偶数矛盾，说明没有平局的假设不成立。所以，比赛过程中至少有一次平局。

64. 分析：不能。如果进行操作后，表中 9 个数能变为相同的数，其和必能整除 3；因为每次操作是同一行或同一列的 3 个数加上相同的整数，增加的数也能整除 3。那么，原来表中的 9 个数的和也必能整除 3。把表中的 9 个数相加，2+3+5+13+11+7+17+19+23＝100,100 不能整除 3，与假设矛盾，所以不能实现。

65. 设亮出 3 的人心中想的数为 x，那么亮出 7 的人想的数是 $30-x$，亮出 10 的人想的数是 $8-x$。所以 $(30-x)+(8-x)=2\times8$，解得 $x=11$。

66. 将其中的一段全部拆开。然后用七支小环去连接其余的七段项链，只需花 70 元钱。

67. 可用方程或逆推法求解。四个小伙伴各自分得的蘑菇数为：小明 $5\times2-2=8$（个），小刚 $5\times2+2=12$（个），小红 $5\times1=5$（个），小丽 $5\times4=20$（个）。回到家时，四个小伙伴篮子中都有 10 个蘑菇。

 图形的奥妙

1. 巧移火柴棒

(1)～(6)题答案如图 7～图 12。

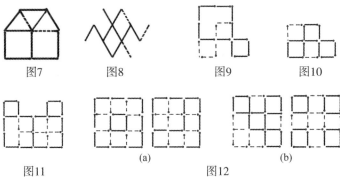

图7　　　图8　　　图9　　　图10

　　(a)　　　　　(b)
图11　　　　图12

(7)答案如图 13 所示：是正三棱锥，它是由 4 个全等正三角形围成的立体图形，也叫作正四面体。

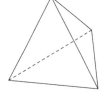

图 13

2.巧拼图形

(1)$\frac{1}{2}$。如图 14 所示。

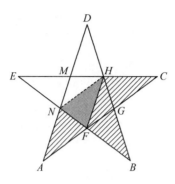

图 14

(2)～(12)题答案如图 15～图 25。

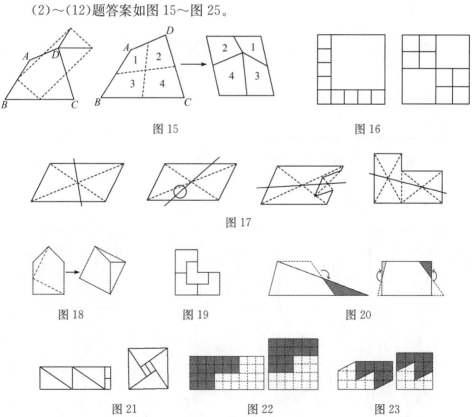

图 15   图 16

图 17

图 18   图 19   图 20

图 21   图 22   图 23

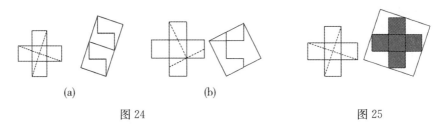

(a)　　　　　　　　　(b)

图 24　　　　　　　　　　　　　　图 25

3.如图 26,在水沟上画出能够将水沟宽度 3 等分的虚线来解决问题。

4.具体的画法如图 27 所示,先画出中间的小圆,然后将纸张的一角如图所示折叠,这样笔尖就在不离开纸的情况下过渡到第二个大圆的位置,然后画出大的同心圆就可以了。

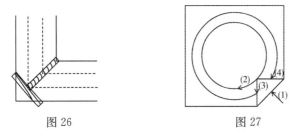

图 26　　　　　　　　　图 27

5.第一笔:从点 D 开始,做第一笔 $D-A-B-C-D-E-F-G-H-E$,如图 28(a)。

第二笔:连接 $G-B$,如图 28(b)。

第三笔:首先把纸翻过来,如图 28(c)。背面朝上沿虚线 LK、MN 分别把三角形 ALK 与三角形 CMN 对折,如图 28(d)。分别取 LK、MN 的中点 F、H,画出第三笔 $F-H$,如图 28(e)。最后再把图 28(e)翻过来即可,如图 28(f)。

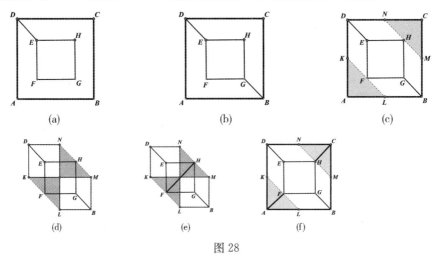

(a)　　　　　　　　　(b)　　　　　　　　　(c)

(d)　　　　　　　　　(e)　　　　　　　　　(f)

图 28

6.(1)～(3)题的解法如图 29～图 31 所示。

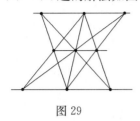  

图 29　　　　　　　　图 30　　　　　　　　图 31

7.要想解决这道题,就要仔细观察地毯的几何形状特征,打破固有的思维模式。如图 32 所示,将地毯以锯齿状切割成 A、B 两部分,为了观察方便,我们把 A、B 涂上颜色。然后将锯齿状的格子向一侧错位移动,使得 A 部分与 B 部分交叉吻合,这样就可以得到一个长方形啦。

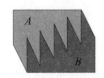

图 32

8.将一个正方形分割成如图 33(a)所示的 8 部分,将这 8 部分沿线切割后,再按照一定的方式拼接起来就可以形成两个小正方形,其中一个正方形的拼接方式如图 33(b)所示,另一个正方形的拼接方式如图 33(c)所示。

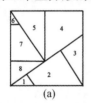

（a）　　　　　　　（b）　　　　　　　（c）

图 33

9.正方体表面展开图共有 11 种。

"141 型"有 6 种,如图 34 所示。口诀:中间四个一串连,两边各一随便填。

图 34

"231型"有3种,如图35所示。口诀:二三紧连挪一个,三一相连一随便。

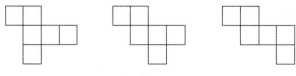

图35

"222型"有1种,如图36所示。口诀:两两相连各挪一。

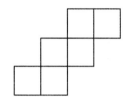

图36

"33型"有1种,如图37所示。口诀:三个两排一对齐。

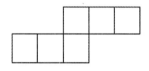

图37

10.如图38,排成六边形即可。

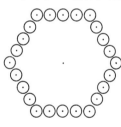

图38

11.排列方式如图39所示。

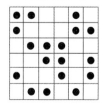

图39

12.D表示3。A、B、C、D四幅图中的黑点表示钟表上时针与分针所指的方向。

13.可以切成 14 块。方法是:如图 40 所示,从上向下两两相交切三刀,每刀之间约成 120°角,这样可切成 7 块。再从中间横切一刀即可。

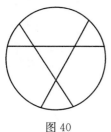

图 40

14.如图 41,只拐一次即可。

图 41

15.拼法如图 42 所示。

图 42

16.先将长方形对折,如图 43(a),得到折痕 MN。然后再将 B 点沿折痕 AC 折叠,使点 B 落在折痕 MN 上,如图 43(b)。则 AB'、AC 把直角三等分。

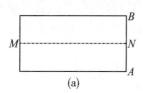 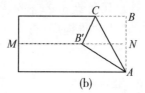

图 43

17.前 5 幅图分别由 1、2、3、4、5 与其对称图形组成,因此第 6 幅图由 6 与其对称图形组成,如图 44 所示。

图 44

18.如图 45 所示,只移动两个小球的位置即可。

图 45

19.答案是乙。

20.如图 46,把这个看台翻过来即可。

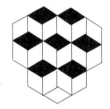

图 46

21.如图 47,按同一方向,每隔四个人传一次,如:1 号传给 6 号,6 号传给 11 号……如此传下去即可。

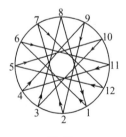

图 47

22.如图 48,在 C 处拿起绳子 A,按箭头所示方向穿过绳圈 B。当这根绳子穿过 B 圈足够长时,将 B 手放进绳圈,再一拉 A 绳,小明和小刚的手就可以分开了。

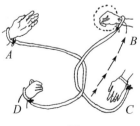

图 48

解决问题的策略

1. 穷人抓起一张纸条立即放入口中吞下,剩下的 9 张全是"死",县官只好承认穷人抓的是"活",无奈地把他放了。

2. 将旗 10 叠放在旗 5 上。

3. 机车先将白车厢推到 C 处,然后推黑车厢并拉白车厢至 A 处。再推白车厢并拉黑车厢到 D 处,把白车厢放到 D 处。然后推黑车厢至 A 处,再拉黑车厢至 C 处,推黑车厢至右侧铁路上。然后机车退回到 C 处,再开到 A 处,再开到 D 处,拉白车厢至 A 处,再把白车厢推到左侧铁路上。机车开回 A 处,再开到 D 处就可以了。

4. (1)小明和小丽将船划到对岸,其中小明将船划回来,小丽留在对岸。(2)小明留在这边岸上,张老师一个人划船过去,船再由小丽划回。(3)重复第 1 步。(4)王老师划船过河,再由对岸小丽划回。(5)重复第 3 步。(6)肖老师划船过河,再由小丽划船回来,三位老师渡河成功。

5. 答案如图 49 所示。

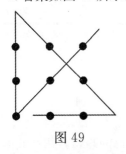

图 49

6. 在原图上将新加的 5 枚硬币按图 50 所示方式与别的硬币重叠摆放。

图 50

7. 什么天气都可以聚会。比如,如果天晴,肖爷爷和张叔叔到李叔叔家去就行了。

8.最少需要三人。送法如下:三个人同时出发。先同时吃第一个人的食物,共同走两天后,第一个人只剩两天的食物,这些食物正好够他返回时路上吃。第二人和第三人在共同前进的两天中,再同吃第二个人的食物,这样第二人只剩下四天的食物,又正好够他在返回时吃。这样第三个人还有八天的路程,也还有八天的食物,正好可以穿越沙漠完成任务了。

9.靶子上的环数为11、13、31、33、42、44、46,后四个数均可由前三个数相加得出。因为33至46四个数都无法组成100,可忽略不计。而在剩下的11、31、13中,31也无法凑成100,也去掉。那100=(13×6+11×2),所以只要打8枪,6枪中13环,2枪中11环便可以打到100环了。

10.出价3001元最有利,写得大了不利。若你出3002元,对方出3001元,你得到这台电视就多花了1元钱。出价少了也不利,若你出2999元,对方出价高于你的话,你也会赔进去1元钱。

11.这个问题同上面的第4题。划船的两个小孩先将船划到对岸,然后将其中1个小孩留在岸上,而另一个小孩则划船到队伍所在的河岸,到岸后这个小孩下船,然后让其中1个战士划船到河对岸;这个战士上岸后,之前留在河对岸的那个小孩将船再划到队伍所在河岸,接该河岸上的小孩,然后这个小孩再划船回到河对岸,这次仍将其中一个小孩留在河对岸与之前过河的那个战士一起,然后另一个小孩再划船到队伍所在河岸,接第二个人过河。如此这样反复下去,最终,所有的人都能过河了。

12.这个马戏团的小丑先带着羊过河,然后再回来接狼过河,但是再次返回时将羊带回来,然后让羊单独留在岸上,带着白菜过河,再次折回来时,单独带羊过河,这样就能保证羊、白菜、狼都能安全过河啦!

13.用代号A、B、C分别表示3个妈妈,用代号a、b、c分别表示3个女儿。(1)首先,让女儿a、b划船过河。(2)然后对岸的其中一个女儿回来,将此岸剩下的一个女儿载到对岸。(3)接下来,女儿c划船回来与自己的妈妈C留在此岸,让其他两个妈妈A、B划船到对岸与自己的女儿会合。(4)妈妈B与自己的女儿b回到此岸并将b留下,然后载着剩下的妈妈C划船到对岸。(5)女儿a划船回到此岸将女儿b载到河对岸。(6)最后,妈妈C划船回来接自己的女儿c到河对岸。

14.车站附近的铁路示意图如图51所示。

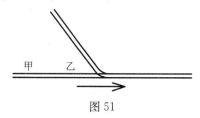

图51

首先,慢车乙仍然在轨道上行驶,当慢车乙所有的车厢都驶过了避让线的入口后,慢车乙再退回到避让线之内,同时留下避让线所能容纳的所有车厢,然后慢车乙带着后面的剩余部分离开避让线继续前行,这时,快车甲也快要进站了。当快车甲的全部车厢都过了避让线的入口时停车,然后将快车甲的车尾与避让线内的属于慢车乙的那部分车厢连接,之后快车甲前行,将避让线内的车厢全部拖出,接下来,快车甲后退,直到快车甲的车头部分退到避让线入口后方,使慢车乙能够倒退到避让线内,同时,快车甲与慢车乙的车厢分开,然后快车甲前行,这样,慢车乙就让出铁轨给快车甲先行。最后,慢车乙行出避让线,再沿铁轨倒退,使其与铁轨上被快车甲留下来的那部分车厢连接,然后跟在快车甲的后面前行。

15.船的位置与河道、河湾的分布示意图如图 52 所示。

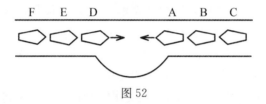

图 52

首先,船 B、C 向后退(即向右行),船 A 首先驶入河湾内,接着船 D、F、E 沿着河道前进(向右行驶),然后船 A 驶出河湾前行(向左行驶),之后船 D、F、E 退回到最初相遇时的位置。同理,让船 B、C 也按照船 A 的做法行驶,就可以使这六艘汽船顺利擦身而过。

16.其实这道题没有想象中那么复杂,只要将火柴棒按照顺序移动就可以了。

例如,一种移动方法为将 4 移动到 1 上面,7 移动到 3 上面,5 移动到 9 上面,6 移动到 2 上面,8 移动到 10 上面;另外一种移动方法为 7 移动到 10 上面,4 移动到 8 上面,6 移动到 2 上面,1 移动到 3 上面,5 移动到 9 上面。以上两种方法都可以既满足移动条件,又能达到题目要求,达到两根火柴组成一组的目标。

17.(1)分析:对于任何一盏灯,由于它原来不亮,那么,当它的开关被按奇数次时,灯是开着的;当它的开关被按偶数次时,灯是关着的。根据题意可知,当第 100 个人离开房间后,一盏灯的开关被按的次数恰等于这盏灯的编号的因数的个数。要求哪些灯还亮着,就是问哪些灯的编号的因数有奇数个,显然完全平方数有奇数个因数,所以用平方数编号的灯是亮着的。而 1~100 内的完全平方数有 1^2、2^2,…,10^2,所以当第 100 个人离开房间后,房间里还亮着的灯的编号是:1、4、9、16、25、36、49、64、81、100。

(2)不能。按要求每次拉动 4 个不同房间的开关,因为 4 是偶数,所以这样的一次操作,拉动房间开关的次数是偶数。那么经过有限次拉动后,拉动各房间开关次数的总和还是偶数。可是,要使 9 个房间的灯由开变关,需拉动各个房间开关奇数次。奇数不可能等于偶数,所以,按照要求不能把全部房间的灯关上。

下面翻酒杯的问题也是这个道理。

18.分析:每个酒杯翻奇数次就都杯口向下,这样总共需要翻偶数次(6个奇数之和必是偶数),才能使6个酒杯都杯口向下。由于每回只能有5(奇数)个酒杯杯口向下,因此必须翻偶数回才能使6个酒杯都杯口向下。经检验,翻2回或者翻4回都不能使6个酒杯都杯口向下,翻6回可以使6个酒杯都杯口向下。具体方法如图53所示:规定"△"表示杯口向上,而"▽"表示杯口向下,并且"△"与"▽"中的数字表示第几回翻动。

图53

答:最少翻6回才能使6个酒杯都杯口向下。

说明:上述给出了翻6回可以使6个酒杯都杯口向下的具体方法,如果把本题改为:"7个酒杯都杯口向上排成一行,每回只能有6个酒杯杯口向下,那么最少翻多少回才能使7个酒杯都杯口向下?"有兴趣的读者不妨试一试。

19.肖爷爷对小伙子们说:"你们互相交换一下马再进行比赛吧!"两个人听取了肖爷爷的意见,互相交换马匹,两个人为了能让自己的马脱到终点,所以就拼命鞭策自己骑的马(即对方的马匹)快跑,所以这场比赛得以继续下去。

20.阿凡提的分法:牧民和巴依一共拿出了11个馕,与商人平分,那么这三人每人都吃了$\frac{11}{3}$个馕。我们知道巴依拿出了4个馕,那么除去他自己吃的那份,他分给商人的馕为$4-\frac{11}{3}=\frac{1}{3}$(个),牧民共有7个馕,那么除去自己吃的,他分给商人的馕为$7-\frac{11}{3}=\frac{10}{3}$(个)。又知道在吃完馕之后,商人总共付给两人11个铜板,那么也就是说,每吃$\frac{1}{3}$个馕就应付1个铜板,在商人吃的$\frac{11}{3}$个馕中有$\frac{1}{3}$个是巴依的,所以巴依应该分得1个铜板。而$\frac{10}{3}$个是牧民的,所以牧民应该分得10个铜板。你明白了吗?

21.最终,阿牛提出了使大家都满意的分法,他的分法如下:"我们这样好不好,我先把所有的稻谷分成3堆,当然,这3堆在我眼里都是相等的,然后让阿明选一堆他认为最少的,那么这堆稻谷归我,接下来你们俩就按照刚刚的方法来分剩下的2堆稻谷。如果阿明选的那堆最少的稻谷,阿壮认为不是最少的,那么这堆稻谷就归阿壮所有,然后阿明再从剩余的两堆稻谷中选择一堆较多的,那么最后剩余的那一堆稻谷就是我的了。"这种分法果然得到了大家的一致赞同。所以说,只要肯动脑,总是可以找到解决问题的办法!

22.我们知道一共有 21 个酒桶,所以三人平分,每人都可以得到 7 个酒桶,那么美酒要怎么分呢?

已知有 7 个酒桶中装满了美酒,还有 7 个酒桶是空的,那么只要将装满的酒桶中的酒各分一半给空的酒桶,那么所有的酒桶就都有半桶酒了,很容易平分给三人,但是题目要求酒桶里的美酒不允许倒出,所以,有如下两种平分酒桶和美酒的分法。如图 54 所示。

第一种方法	全满	半满	全空
第一人	2	3	2
第二人	2	3	2
第三人	3	1	3

第二种方法	全满	半满	全空
第一人	3	1	3
第二人	3	1	3
第三人	1	5	1

图 54

怎么样,你做对了吗?

23.解决这问题要抓住一要点,那就是:当两人把各自的石榴放在一起卖的时候,每个石榴的售价其实已经改变了。

我们先分析两位果农的合作情况。

当两位果农各自出售各自的石榴时,第一位果农的定价是 1 元钱 2 个石榴,也就是每个石榴卖 $\frac{1}{2}$ 元钱,第二位果农的定价是 2 元钱 3 个石榴,那么每个石榴的售价是 $\frac{2}{3}$ 元钱。当这两位果农合作时,她们为石榴定的售价为 3 元钱 5 个石榴,也就是每个石榴售价 $\frac{3}{5}$ 元钱。

对于第一位果农而言,她的每个石榴赚了 $\frac{3}{5}-\frac{1}{2}=\frac{1}{10}$(元),那么出售 30 个石榴后,第一位果农一共赚了 $30\times\frac{1}{10}=3$(元)。

对于第二位果农而言,卖一个石榴,就损失 $\frac{2}{3}-\frac{3}{5}=\frac{1}{15}$(元),所以出售 30 个石榴后,第二位果农损失了 $30\times\frac{1}{15}=2$(元)。

这样,两位果农合作后,一果农赚了 3 元钱,而另一果农损失了 2 元钱,所以两人合作后仍然赚 1 元钱,这 1 元钱应该给第二位果农。

采用同样的分析方法,你很快就能明白后面的两妇人为什么会损失了 1 元钱,以及这损失的1元钱应该如何分配的问题。

24.聪明的长工将木桶倾斜,使得木桶里面的水面达到倾斜时的木桶底面最高点及顶面最低点即可[如图55(a)所示],因为木桶的顶面与底面圆周上斜对点的连线旋转所成的水平面正好将木桶体积分成两半。如果木桶中的水不到一半,那么倾斜时顶面最低点就会高于水面[如图55(b)所示];如果多于一半,那么底面最高点就会低于水面[如图55(c)所示]。正是根据这个知识,聪明的长工很快地解决了问题。

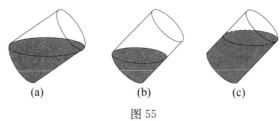

图 55

25.分配方法如图56所示。

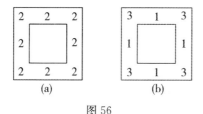

图 56

26.这狡猾的仆人是这样蒙骗主人的:他从酒柜四周中央格子里各拿出1瓶酒,为了让酒柜每一边酒的数量与原来相同,即仍然是21瓶,这仆人又从酒柜四周中央格子中各拿出1瓶酒,分别放在酒柜四角落的四格子中,这样就不会被粗心的主人发现了。就用这种方法,这狡猾的仆人反复偷了4次,一共偷走了主人16瓶酒(具体的过程如图57所示)。

图 57

这仆人除了用上述方法偷酒外,还想到了其他的方法,只要改变酒瓶摆放的方式即可,但是正方形酒柜的第一列与第三列酒瓶之和必须是21瓶,那么剩余格子中的酒瓶为:60−2×21=18(瓶)。这剩余的18瓶酒是摆在第二列的上下两格子中的,对于第二列,除中央的格子里没酒外,另外两格子中必有至少一瓶酒,那么这仆人最多只能偷走 16 瓶酒,如果再多的话,即使主人再怎么粗心也还是会发现的。

27. 其实从老板左侧第 6 位民工开始数,就可以达到民工想要的效果了。若每张桌子坐 4 人,那就从与老板面对面的民工开始沿顺时针数到第 4 个民工,从这位民工开始数就可以了。

这道题我们可以转换一下思维方式,利用逆推法。先从老板的位置开始,按逆时针方向连续数 7 个数,划掉第 7 个数,按这个原则依次划数,则最后只剩下数 b,从 b 开始顺时针数就可以了。

28. 根据题目我们知道,巴依在第三次过桥后,身上所有的钱都给了阿凡提,也就是 24 个铜板。根据巴依与阿凡提的约定,我们从最后一次交易往前推导,这个问题就不难解决了。

在最后一次过桥后,巴依身上有 24 个铜板,那么巴依在最后一次过桥前身上有 12 个铜板,最后一次过桥前也就是巴依第二次过桥后,给阿凡提 24 个铜板之后的时刻。那么我们可以推出巴依在第二次过桥后身上有 12＋24＝36(个)铜板,则在第二次过桥之前巴依身上有 18 个铜板;同理可知,第一次过桥后巴依身上有 18＋24＝42(个)铜板,也就推导出巴依在还未进行交易时,身上总共有 21 个铜板。也就是说,在与阿凡提进行交易的过程中,贪心的巴依没有捞到好处,反而赔了自己的 21 个铜板。

29. 这道题我们同样可以利用倒推法得到答案。

我们知道,所有商人醒来时发现碗中剩下 8 个面包,也就是说第三个商人吃完后给另外两个商人各留了 4 个面包,而他自己吃了 4 个面包。那么我们可以推出,第三个商人醒来还未吃时,碗中剩下 12 个面包,这 12 个面包是第二个商人吃完后给他的两个同伴留下的。由此我们可以知道第二个商人自己吃了 6 个面包,这样才能保证此时三个商人吃同样多的面包,这样,在第二个商人醒来但还未行动时,碗中有 3×6＝18(个)面包;同理我们可以推出,第一个商人醒来后吃了 9 个面包,剩下了 18 个。至此,我们可以算得老板娘给三个商人一共准备了 3×9＝27(个)面包。

老板娘为三个商人共准备了 27 个面包,那么三个人应该每个人吃 9 个面包。现在第一个商人已经吃了 9 个面包,第二个商人吃了 6 个面包,第三个商人吃了 4 个面包,那么最后碗中剩下的 8 个面包,应该分 3 个给第二个商人,剩下 5 个全给第三个商人,这样才公平。

30. 解答:设丙拿走了 a 条鱼,乙拿走了 b 条鱼,甲拿走了 c 条鱼,那么:
当 $a＝1$ 时,那么 $b＝2,3b＋1＝3×2＋1＝7,7$ 无法被 2 整除,所以 $a≠1$。

当 $a=2$ 时，$3a+1=3\times2+1=7$，7 无法被 2 整除，所以 $a\neq2$。

当 $a=3$ 时，$b=(3a+1)\div2=(3\times3+1)\div2=5$，$c=(3b+1)\div2=(3\times5+1)\div2=8$；

所以原来鱼的数量有 $8\times3+1=25$（条）。

答：这三个人至少钓到 25 条鱼。

31. 解：设毕达哥拉斯的钱袋里原有 x 枚银币。

$$5x=(5\times2)\times\frac{1}{4}x+5\times5。$$

解得：$x=10$。

所以，毕达哥拉斯的钱袋里原有 50 枚银币。

32. 首先将 1 根火柴 A 放在桌子上，将其余 14 根火柴依次紧密排列并与火柴 A 垂直摆放，同时这些火柴棒的前端务必突出 $1\sim1.5$ cm，其后端紧贴桌面［如图 58(a)所示摆放］。然后将剩下的 1 根火柴 B 以和 A 火柴平行的方向放在互相交叉的 14 根火柴棒上方所形成的凹陷部位［如图 58(b)所示］。接下来轻轻握住火柴 A，慢慢将火柴向上提起，这样，15 根火柴就全部提起来了。

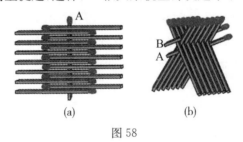

(a)　　　　　(b)

图 58

33. 王子可以在装有金币的盆里留一枚金币，把另外九枚金币倒入另一个盆里，这样另一个盆里就有十枚银币和九枚金币。如果他选中那个放一枚金币的盆，选中金币的概率是 100%；如果选中放 19 枚钱币的盆，摸到金币的概率是 $\frac{9}{19}$。

王子选中两个盆的概率都是 $\frac{1}{2}$，所以，根据前面的两项概率得出，选中金币的总的概率是：$1\times\frac{1}{2}+\frac{9}{19}\times\frac{1}{2}=\frac{14}{19}$，这样就远大于原来未调换前的 $\frac{1}{2}$。

34. 答案不唯一，如在一只杯子里放 5 个，然后在另一只杯子里放 5 个，最后拿起放了玻璃球的杯子套入第三只空杯子里。

解析：把 10 个玻璃球分放到 3 只杯子里，而且必须全部是单数，肯定是不可能的。玻璃球的总数目是不会变的，那就在杯子上考虑解决问题的方法。

参考文献

1. 李炳然. 智力故事 300 个[M]. 济南:山东教育出版社,1985.

2. 伊库纳契夫. 数学的机智[M]. 长春:北方妇女儿童出版社,2010.

3. 谢宇. 智慧的源泉(数学)[M]. 南昌:百花洲文艺出版社,2010.

4. 泰博. 数学趣题[M]. 陈娟,译. 上海:上海科学技术文献出版社,2010.

5. 伊库纳契夫. 原来数学超好玩[M]. 木木,译. 北京:新时代出版社,2011.

6. 加德纳. 引人入胜的数学趣题[M]. 林自新,译. 上海:上海科技教育出版社,1999.

7. 《有趣的数学》编写组. 有趣的数学[M]. 上海:少年儿童出版社,1979.

8. 裘宗沪. 趣味数学 300 题[M]. 北京:中国少年儿童出版社,1981.

9. 北京市少年宫编. 数学游戏[M]. 北京:北京出版社,1978.

10. 许莼舫. 中国算术故事[M]. 北京:开明书店,1952.

11. 刘文武,蒋卫杰. 数学故事(一)[M]. 海口:海南出版社,1997.

12. 华信编译. 游戏与娱乐[M]. 上海:上海文化出版社,1955.

13. 唐世兴. 数学游戏[M]. 上海:上海教育出版社,1979.

14. 李毓佩. 数学大世界[M]. 武汉:湖北科学技术出版社,2021.